玩皮世家

皮革手工机器缝纫

[日] STUDIO TAC CREATIVE　编辑部编

钱晓波　詹莹靓　赵谡　译

上海科学技术出版社

图书在版编目（CIP）数据

皮革手工机器缝纫 / 日本 STUDIO TAC CREATIVE 编辑部
编；钱晓波，詹莹靓，赵譞译 . —上海：上海科学技术出
版社，2016.9
（玩皮世家）
ISBN 978−7−5478−3170−0

Ⅰ. ①皮…　Ⅱ. ①日…　②钱…　③詹…　④赵…　Ⅲ. ①皮革
制品－制作　Ⅳ. ① TS56

中国版本图书馆 CIP 数据核字（2016）第 165223 号

玩皮世家
皮革手工机器缝纫
[日] STUDIO TAC CREATIVE　编辑部编
钱晓波　詹莹靓　赵譞　译

上海世纪出版股份有限公司
上海 科 学 技 术 出 版 社　　出版
（上海钦州南路 71 号　邮政编码 200235）
上海世纪出版股份有限公司发行中心发行
200001　上海福建中路 193 号　www.ewen.co
浙江新华印刷技术有限公司印刷
开本 889×1194　1/16　印张 11　插页 2
字数 200 千字
2016 年 9 月第 1 版　2016 年 9 月第 1 次印刷
ISBN 978−7−5478−3170−0/TS · 188
定价：58.00 元

目 录

contents

燕尾形侧裆提挎
两用包

P130~

中央用布料材质分割的燕尾造型
配饰的个性两用包

纸币存取方便
能装纳很多纸币的

对折钱包

P24~

外观小巧但收纳性很强

多口袋设计的

托特包

P78~

使用方便、风格干练洒脱

整齐妥善收纳笔记本电脑和书籍文件的夹层公事包

可收纳

笔记本电脑的

公事包

P48~

束口袋式的
肩包
P108~

别致又简单

工业缝纫机简介

对于缝制皮革的缝纫机而言，最重要的三要素是：旋转速度（落针速度）、马达功率和缝料推送。下面主要结合这三方面来对工业缝纫机的操作进行说明。

工业缝纫机的种类

工业缝纫机保证了大量制作的成品品质的均衡，根据用途分种类繁多。此处介绍皮革制作中最为常用的平缝机、筒式缝纫机，以及略微特殊的邮筒型缝纫机三种机型。

平缝机

有放置缝料的平滑台板，专门用于直线缝制。缝料在宽大的台板上能够铺展，保证了走线平稳，以使成线美观。

邮筒型缝纫机

邮筒型缝纫机没有放置缝料的台板，针头下只配有邮筒状的高座（针板）。这种缝纫机原本是制靴用机型，近年来也用于皮包的缝制。

筒式缝纫机（别称：臂式缝纫机）

和平缝机平滑的台板不同，筒式缝纫机落针的针板部（即进行缝料缝制的部分）为圆筒状。正因如此缝料在其针板部上可弯曲放置，缝制时灵活性高，适用于缝制在平面上不容易缝制的部位，例如袋状物边角部分等。

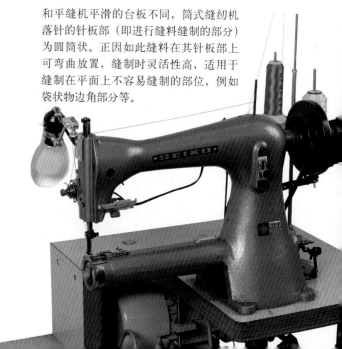

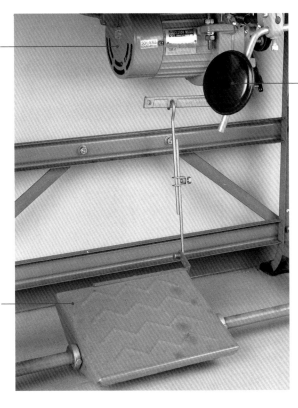

工业缝纫机各部件名称以及功能

要妥当操作工业缝纫机，首先要了解它的构造。此处简单介绍一下工业缝纫机主要的部件及其功能，希望能成为读者在选购及使用时的参考（各机器构造不同，建议实际使用前还请先仔细阅读产品说明书）。

马达

马达是使机针和缝料推送运作的动力源。虽然也有凭借踩踏板作为动力源的脚踏式缝纫机，但如今作为主流的是电动式马达缝纫机。马达分为"离合器型"和"伺服型"两种（详细请参考下文）。

抬牙器

抬牙器是操作缝纫机时，让稳定缝料的"压脚"上下运作的装置。用膝盖顶住皮带轮，一般可以抬高放下的压脚。

踏板

踏板是凭借踩踏来给予马达电压，使机针和推送缝料进行运作的装置。动力源为离合器型马达时，可由踩踏力度和节奏来控制旋转速度。

马达的种类

离合器型马达

这种马达由踏板的踩踏力道和节奏来调节旋转速度的快慢，是一种旧式马达。想要熟练操作需要一段适应的时间。

伺服型马达

这种马达可以自由设定旋转速度以及落针位置，是电脑控制的马达。比离合器型的价格高，但是容易操作，噪音小。

线架

放置缝纫机上线线卷的架子。虽被称为线卷，但并不会旋转。为了防止上线偏线引起麻烦，推荐给线卷加网罩。

皮带轮（飞轮）

将马达或者踩踏板的动力，通过 V 型皮带传送给缝纫机体的装置。手动转动可实现细节处的逐针缝合。

大部分的工业缝纫机，在图中所示的皮带轮的附近还会设置另外一个皮带轮，通过在轴杆两端放置底线用的梭芯，用来缠绕底线。

针距调节器

改变针脚疏密的调节按钮。1档针脚最细密，档位数越大针距越大。

倒缝扳手

在向回缝时，可使缝制方向反向进行的扳手。

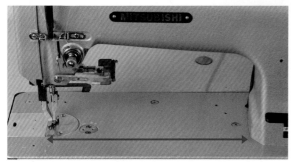

怀幅

从机针到机座底部的宽度。当缝料为不宜弯折的皮革时，怀幅的宽深度尤为重要（工业缝纫机普遍怀幅较大）。

穿线导引

将上线从线卷引导至机针时，所通过的必要的导引。不同机器的穿线方法也不尽相同，请事先了解说明书。

挑线杆

是和机针一起构成的联动装置，通过上下摆动抽出上线供给到机针上。安全起见，不使用缝纫机时，请保持挑线杆在上的状态（如照片所示）。

上线张力调节器

调整上线松紧状态的旋钮。

针杆

固定机针的部件。用螺丝固定机针根部的扁平处。

送料牙

每缝一针，将缝料向里推送移动的装置。照片所示的送料牙，为"上下送料牙"中的上送料牙（请参考012页）。

压脚

和送料牙不同，看字面可知，是用来适度压住缝料的装置。根据缝料的厚薄，可调整贴压度（压力）。

不同于"上下送料牙"，此处是"下送料牙"的工业缝纫机。针板的缝隙里就是送料用的齿牙，上面"剃刀"状的部件是压脚。送料牙在机针刺入缝料时下缩，在机针拔出时抬起并移动以推送缝料。这种缝纫机的送料能力略差，不适合用于缝制比较厚的皮革等缝料。

上下送料牙

针板缝隙里的送料牙以及上方形似压脚的送料牙共同夹送缝料。机针的落针点固定，机针从缝料中拔出来时，上下送料牙一起推送缝料。

综合送料牙

上下送料牙加上机针送料（和下送料牙同步，机针本身也前后动）一起构成的送料结构。推送缝料能力更强，适合缝制厚实的料子。

针脚定规

通过在缝料上另外附加保持针脚疏密一定的引导装置。左照为安装在压脚上的臂式，可重合在缝料上。右照是直接固定在台板上的，也有通过磁石固定的。

旋梭

上线由机针引导穿入缝料，此时将底线穿过上线的部件。一般有内外两部分梭壳，内部是可放置底线梭子的梭芯。照片中此种和机针平行的旋梭称为"垂直旋梭"。

外梭壳上有叫作梭尖的部分，外梭壳转动时，梭尖会挑起上线穿过下线。

和上述的"垂直旋梭"对应的是"水平旋梭"，常见于家用缝纫机，工业缝纫机则较少使用（照片取自开头介绍的邮筒型缝纫机）。

注油孔

缝纫机的各个部分都会设有注油孔，为确保机器运作顺畅，需要定期注油保养（注油孔的位置根据厂家、机型各不相同，请参考所使用机器的说明书）。

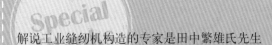

解说工业缝纫机构造的专家是田中繁雄氏先生

田中先生持有东京职业训练指导员（皮制品工）证书，皮包制品制造商代表。拥有超过60年工作经历的资深从业者，精通各式工业缝纫机。

田中先生在以皮革业为当地产业的东京台东区的产业研修中心开设制包的工业器械等相关的指导课程。

工业缝纫机的使用方法

如果想要真正开始着手于机缝皮革，那么你就需要工业缝纫机，此处对于它的使用方法进行简要说明。

除了几处要点，和家用式差别不大

之前的章节已经让您对工业缝纫机有了一个基本的认识。那么，在实际使用时怎样才能得心应手呢？工业缝纫机在缝制速度方面具有压倒性的优势，但在其他方面和家用式并无太大差异，甚至可以说正因为功能比较集中，所以需要掌握的要点反而比较少。这

里，以 Yakumo 牌 681L 型号的机器为例，介绍工业缝纫机的一般使用方法。虽然也涉及零部件的更换以及保养等，但毕竟机型各不相同，在购买机器时，还请向店家详细咨询确认。新机器一般在各注油孔注好油就能顺畅运作了。

安装机针

工业缝纫机有别于家用缝纫机，有专业的机针。机针的种类繁多，选择时要考虑到是否可以用以缝制皮革，以及对应的用线的粗细。

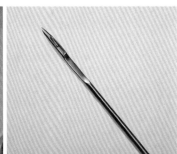

将机针插入到针杆最底部，旋紧螺丝固定。按照右侧的说明，切勿装反。

工业缝纫机用机针，在端口的一侧有凹槽，安装时此凹槽朝右。

安装底线

和家用式相同，将绕好底线的梭子放入梭芯后安装到机器内。

01 工业缝纫机也有专门的梭子。机器不同，使用的大小也不同，请重点确认。

02 照片所示的就是梭芯。Yakumo 681L 使用的是大号梭芯，所以梭子也需使用大号的。

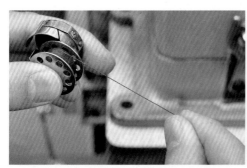

03

从梭子拉出一定长度的线头，梭子放入梭芯后线从口拉出，如右照所示。

04

将梭芯上的拨片拨开，然后将梭芯安装到机器上，装好后松开拨片，梭芯就能锁定在机器上。

上线的穿引方法

接下来穿上线，和底线相比复杂得多。换线的时候感觉很麻烦，不过有一种简单的方法，就是将新线接到老线后，然后从机针这头的线开始拉就行了。上线的穿法，根据机器不同会略有差异，不过基本的穿引方法是相同的。

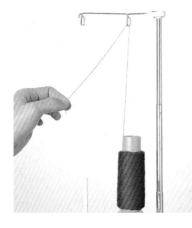

放上线卷，线穿过线架上的圆环，再拉到缝纫机上方。

01

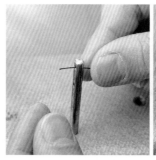
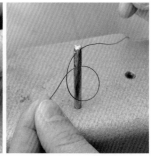

02 穿过机体中部的棒状穿线引导。先是从右到左穿过上面的孔，然后反转线头，下面的孔也是从右到左穿。

继续将线朝左侧牵引，穿过一个板状的穿线引导。此处的引导上有3个孔，线要从上往下穿，每穿过一个孔就要将线拉起，从上往下穿过下一个孔，最终效果如照片所示。

03

上线继续下行，通过上线张力调节器。该调节器有2片重叠着的板状零件，将上线沿中心轴从右侧绕入圆片中间夹住。

04

上线沿着调节器的中心轴反转方向再向上。

05

上线从调节器上铁丝状的环中穿过。

06

上线向下，穿过钩状部件再向上。

07

接着再穿过上线张力调节器上方的穿线导引。

08

继续向上，穿过挑线杆上的孔，之后向下。

09

穿过挑线杆左下方的穿线导引，再向下。

10

穿过针杆旁铁丝状的圆环。

11

然后再穿过针杆上的椭圆孔。

12

最后从左向右穿过机针孔，上线的穿引就完成了。

13

右手转动皮带轮，带动机针上下运动抽出底线，上线、底线都抽出一定的长度后，缝机的准备工作就告一段落了。

14

各零件的功能和调整

缝制开始前需要了解的几个重要部件的操作方法。

台板下有马达的电源开关。在换线或换机针时，安全起见请先关闭电源。

01

离合器式的，一踩踏板马达就会启动并开始缝制。伺服马达式的，有缝速调节器，未熟练时请调慢速度。

02

工业缝纫机，台板接有膝盖控制的抬牙器，向右侧压住，压脚就会抬起。

03

有倒缝功能的缝纫机，在皮带圈下方会有个扳手，在压下扳手的状态下，可进行倒缝。

04

根据机器种类不同，还有通过皮带和缝纫机驱动连接在一起的卷线器。与其说这是缝纫机的一种机型，倒不如说是台板的附带功能选项，其他还有很多。

05

缝线张力调整

缝线张力指的是上线和底线之间相互牵引的力度，张力不平衡就会不美观，也会削减缝合处的强度。没有不变应万变的张力状态，要在每次条件变化后，进行缝合测试并观察缝线状态。

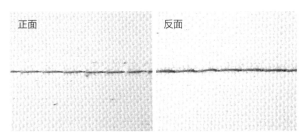

正面　　　　　　　反面

01 为便于参考，选用了不同颜色的上线和底线。张力调节合适的话，另一面的缝线是看不见的。

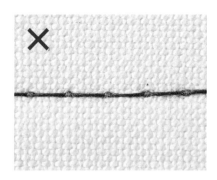

一边张力强而另一边张力弱，弱方的缝线会被拽到强的一边的表面。

02

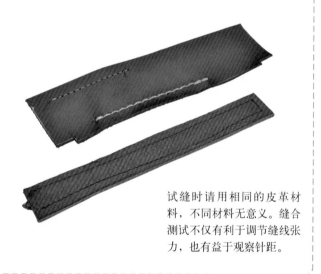

POINT

两方张力差距过于悬殊，缝线会无法收紧，出现如照片这样松动起浮的情况。

03

正式缝制前的注意点

缝线张力的平衡值，会随缝料的质地、厚度等不同变化。条件不变的情况下无妨，但一旦皮革的种类、厚度等及其他条件发生改变，可以使用切割材料余下的边角料（或和缝料属于同种皮革）来试缝一下，务必提前调度好缝线张力状况。

试缝时请用相同的皮革材料，不同材料无意义。缝合测试不仅有利于调节缝线张力，也有益于观察针距。

底线张力调整

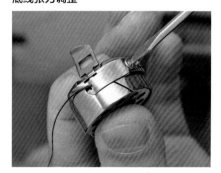

调节底线张力是通过旋转梭芯上的螺丝。一般一次性调整完成后基本不需要再做改变。

04

上线张力调整

上线张力的调节是通过旋转上线张力调节器。此处如何调节也无法取得平衡时，请配合底线张力一起调节。

05

针距调整

针目、针距对缝制后的外观影响很大。通过旋转缝纫机机体右侧的调节器来控制。请事先确认，旋钮各个位置所对应的针距。

旋钮上的数字仅供参考。另外，本机型上，旋到数字4右2根处对应的针距，实际外观和4毫米的菱錾针距大致相同。

缝线美观的窍门

再好的工具，使用方法不得当也得不到理想的结果，凡事必须要多练习。当然有些小窍门可以起到事半功倍的作用。

歪歪扭扭的缝线非常难看。为了避免此种情况，可以使用相应的定规（但有些缝合部位无法使用）。

直线缝制

基础的直线缝制，可以在缝料的一端放置定规压住，同时用双手保持皮革笔直向里推送，以协助缝合直线。

曲线缝制

可根据提前画好的缝合形状，一针一针慢慢缝。有时可使用顶端为圆形的定规。

产品制作

运用之前所掌握的缝纫机知识开始制作吧。有基础制作方法的巩固，还有提升作品品质的专业技巧，望成为读者有益的参考和借鉴。

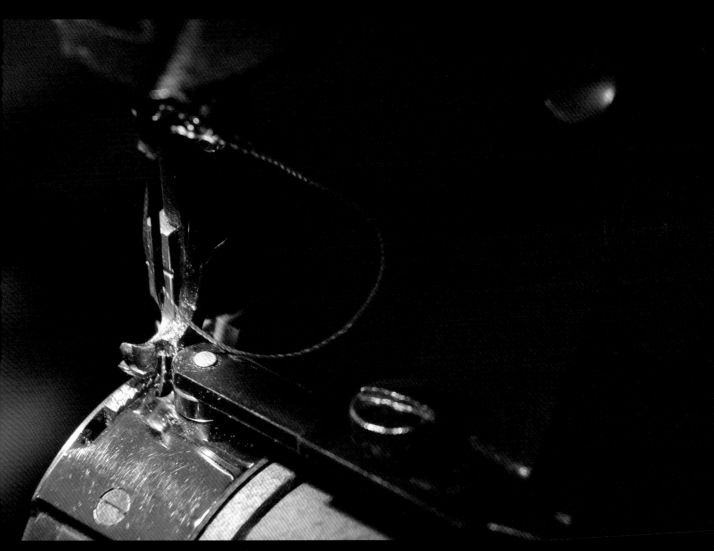

实用对折钱包

皮革制品中的基础商品——钱包，体积小巧给人以方便制作的印象，但其实正因为小巧反而加大了机缝的难度。本作品的特点在于它放纸币部分的构造，即便多张纸币也可轻松取放。考虑到机缝的难易度以及针脚的美观，窍门在于制作的顺序，制作时请尤为注意。

由 "DARK END OF THE STREET" 提供

细节 Detail

内部有零钱袋和卡位，下层也设有小袋

放置纸币的部分位于内侧中央，所以即便纸币张数多，取出也很方便

零钱袋开口大，使用时非常顺手

部件 Parts

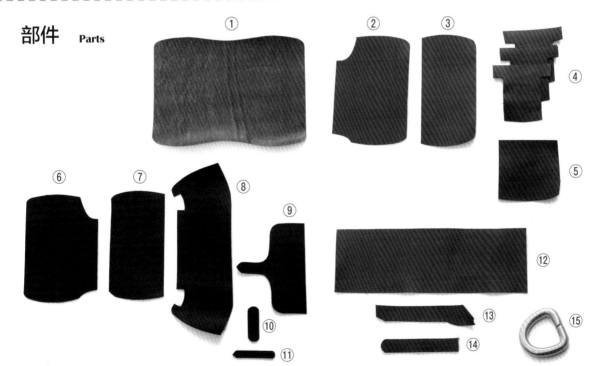

① 主体 ② 纸币层基片（右） ③ 卡片夹基片 ④ 卡片夹 ⑤ 卡片夹盖 ⑥ 纸币层基片（左） ⑦ 零钱袋基片
⑧ 零钱袋 ⑨ 零钱袋袋盖 ⑩ 袋扣 ⑪ 扣舌 ⑫ 衬皮 ⑬ 小衬皮（准备大约 20 mm×80 mm 的皮料，长边的一侧切成直线）
⑭ 扣带 ⑮ D 形扣

※ 皮革请全部使用植鞣革；D 形扣直线边长约为 13 mm。

使用削薄机调整皮革厚度。卡片夹部分皮料厚度约为1 mm，其他部分约为1.5 mm。

01

POINT

当部件过大无法一次完成削薄时，就需要分几次进行，这样难免会出现遗漏部分，此时可用裁皮刀削平。

02

专业技巧①

Techniques ①

消除痕迹线

用削薄机打薄皮料，皮面容易留下线状痕迹（特别是厚皮革一次打薄后尤为明显）。此时可通过重合表面进行搓揉及玻璃板研磨床面的方法，来消除大部分的痕迹线。

因削薄而产生的痕迹线，可通过皮面之间相互前后搓揉来消除，但这样会让表面起皱。

01

02

用玻璃板研磨床面，可以一定程度上消除皮面的皱痕。另外，还可用熨烫的方法。

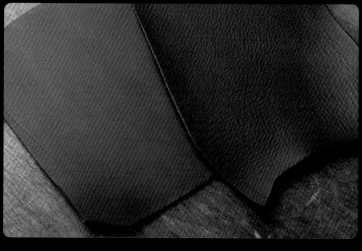

打薄完成后，再按图纸裁出各部件轮廓。这样可以避免皮革伸缩引起的变形。

03

按线条精裁。配合定规裁切直线效果更佳。

04

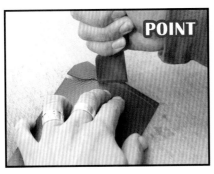

POINT

曲线裁切，凸起的部分旋转皮料、凹下的部分转动裁皮刀，裁切效果更好。

05

POINT

零钱袋的袋盖、主体以及卡片夹，部分打薄后再精裁。这是为了防止放入打薄机后产生歪斜。

06

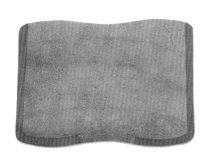

其他需要打薄的部分，如主体的边缘，约 10 mm 的区域。

07

T 形卡片夹，正方形部分打薄。

08

纸币层、零钱袋、卡片夹的基片，需要和主体缝合的边缘部分打薄。

09

零钱袋的袋盖要和零钱袋主体缝合的直线部分。

10

零钱袋主体的打薄，削薄如图袋边折起的部分。另外，需削薄至稍稍超出凹形切口处的位置。

11

12 置于主体内侧的衬皮，下边缘削薄。

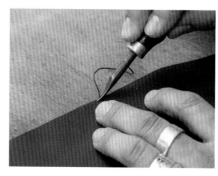

打薄后，对各部件进行毛边处理。先用削边器削边。

13

POINT

用水涂抹断面。本次选用的是透染皮料（染料已达皮革的芯层），所以用水涂抹即可。非透染皮料想要避免色差，请涂染料。

14

切面湿润后，用丝瓜巾摩擦。

15

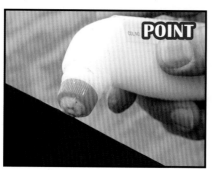

POINT

最后涂上边油（此边油也可以用于铬皮革，可增强皮革的耐久性，推荐使用）。

16

打磨床面。按照上述说明，除了缝合部位，其余地方涂上床面处理剂。

17

再用玻璃板来回擦拭。

18

处理过床面的部件，从
左至右分别是：卡片夹
的顶片、零钱袋袋盖、
卡位夹片。照片上没有

19 处理过的部分颜色较浅。

主体和零钱袋。需打磨主体的边缘以
21 及零钱袋开口处（照片中为上侧）。

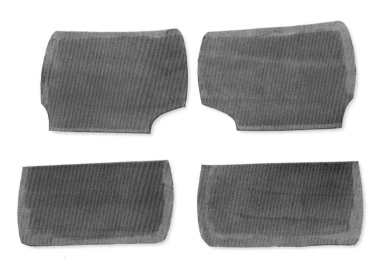

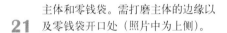

纸币层、零钱袋以及卡片夹的基片，同样缝合部位未
20 经处理。

整体组装　各部件准备完毕，组合它们成为钱包的形状。

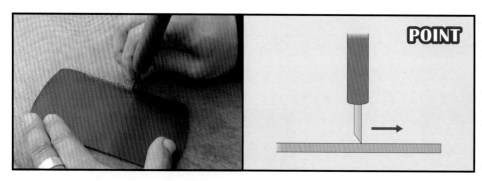

将图纸上的记号标记到卡片夹基片上，从最上面的记号开始往下至底边，磨去宽约 5 mm 的皮面表皮。此时，请按照图上的握刀方向（刀刃的斜面向后），移动裁皮刀，能有效达到所需效果。

01

打磨后的状态。一旦磨错会使材料报废，所以请谨慎操作。

02

卡片夹的上端，用压边器压出一条距离边线约 2 mm 的装饰凹槽。

03

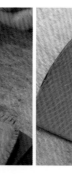 

卡片夹基片两侧打磨的部位和卡片夹的两头边缘涂上树脂胶，卡片夹对准基片开始打磨记号的上端贴合，捶打使紧密贴合。

04

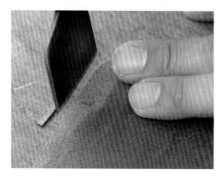

裁去卡片夹两端超出贴合主体的部分。

05

使用图纸，确定并标记下一个卡片夹的位置。

06

在第一个卡片夹上标记下一片的位置，标记点斜切（为了减少厚度），然后涂胶。

07

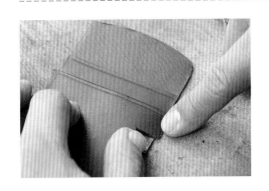

在需贴合处贴上涂好胶的卡片夹并裁去超出的部分。再重复以上步骤，把三个卡片夹都贴合到位。

08

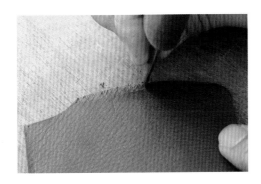

接下来处理纸币层基片，如照片所示，除了中央的缝合处和曲线部分，其余皮面的边缘都需打磨粗糙。

09

两片基片的连接处，在床面宽约 5 mm 的范围涂上树脂胶，床面相互贴合，锤击压紧。

10

现在处理主体部分。将图纸上的 2 个记号标记到主体下方，平行两个标记点 10 mm 的位置画一条直线。然后在线和记号间的部分涂树脂胶。

11

在小衬皮的床面涂胶，然后将小衬皮的直线边对准刚才划的直线，然后贴到主体上。

12

用裁皮刀将超出主体部分的小衬皮仔细裁切。

13

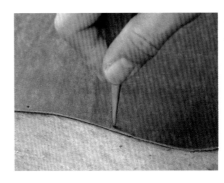

用锥子在小衬皮上再次标记底边的两个记号。

14

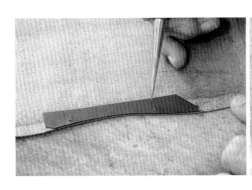

标记点到端头的部分，斜向削薄。

15

削薄后如照片所示。

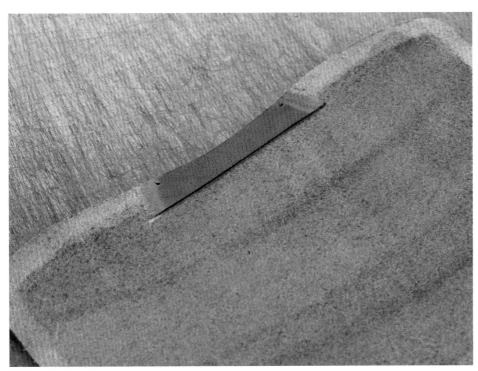

16

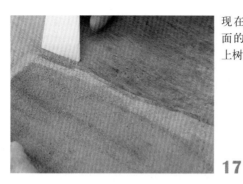

现在给主体床面的上边也涂上树脂胶。

17

衬皮床面的上边也涂上树脂胶，注意要根据主体的曲线来上胶。

18

将衬皮贴上主体时，将衬皮下边对准主体上的记号，并只贴住两边。因为衬皮比主体短，两边贴住，主体就会像照片里那样拱起。边缘处要和主体两端对齐着贴。

19

从两端慢慢向中间贴，贴到中间照片的位置时，将主体折向衬皮的方向，折起后再贴牢中间的部分。

20

贴法正确的话，完成后应该是这样的状态。

21

衬皮的上边也会有超出的部分，沿主体的曲线裁去。

22

贴好后的衬皮下方的两角斜着切掉些，左右两条短边也打磨处理。

23

衬皮贴合完毕后的主体。已经有钱包的大致感觉了吧。

24

扣舌的背面贴上双面胶，按照零钱袋袋盖的突出部所标的记号贴上。为保证美观，贴的时候请注意和两边保持相同的距离。

25

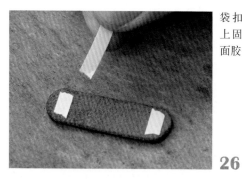

袋扣的两端贴上固定用的双面胶。

26

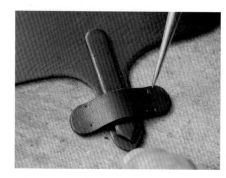

将袋扣置于袋盖上，调整袋扣的弯曲度以适合扣住袋盖，做好缝合位置的记号。

27

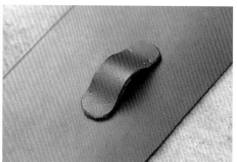

袋扣上缝合位置的标记和零钱袋上袋扣的标记对准，粘贴上袋扣。袋扣应像右照那样呈拱状。

28

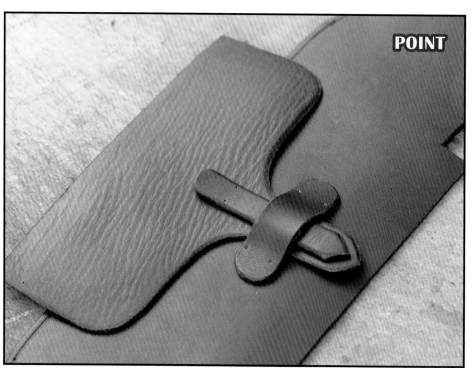

POINT

再次将袋盖插入，确认扣合度。如果为了在久用之后依然可以扣得严实，那么也可以平贴袋扣，只是这样在开始使用时会太紧。

29

将步骤 24 贴好衬皮的主体上边（两端空 3 mm），以及主体下边两个记号之间的部分缝合。缝合后主体的正面如图所示。

30

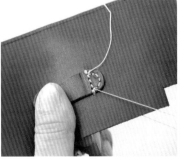

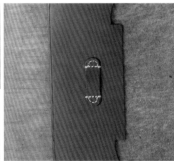

袋扣以 2 点记号为底边，两边缝成锅形。注意给穿入的扣舌留有高度差。

31

纸币层基片如图，缝合贴合的一边，两端也空 3 mm。

32

缝合扣舌。为了便于开盖，扣舌上靠近袋盖的一侧，留 10 mm 左右的距离不缝。

33

专业技巧②

Techniques ②

和单线上用 2 针的手缝不同，使用双线的缝纫机，起针和收针时都需要结线。这里使用的技巧是一部分针目呈三重，使成品更不容易绽线。图中显示开始缝制时针目的走向，从距边端 2 针目的地方开始往边上缝，到边后反缝一针再缝回边端，之后再开始继续缝。如果是单纯反缝一针（只有第一个针目呈两重）的方法，容易绽线。此技巧供各位借鉴。

起针和收针

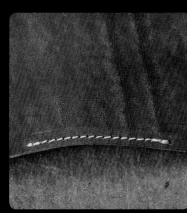

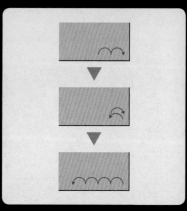

缝合卡片夹的下端。和袋扣相同，跨过两端（用三重结针的缝法）。

34

☑ **CHECK !**

翻起上方的卡片夹缝合下方的卡片夹。如果卡片夹过多不能翻起就无法缝合，所以要适量。

卡片夹基片缝合后背面的状态，如图。

35

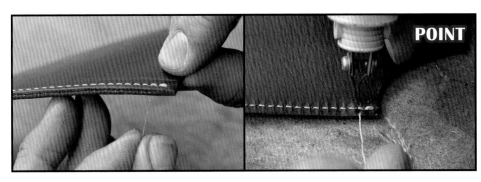

POINT

使用电热笔处理线头。先将表面的线齐根切断，背面的线头拉紧后再切。电热笔在切线的同时，也起固定线头的作用。

36

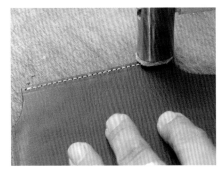

用贴有皮革的锤子轻敲皮面，使针脚服帖。

37

继续卡片夹的组装。要贴上卡片夹最上面的皮盖，给卡片夹基片的边缘以及打磨的部分涂上树脂胶。

38

☑ **CHECK!**

在卡片夹皮盖加上刻印，这里用的是冲打的方式。

将卡片夹皮盖床面的边缘（除去插卡口侧的直边）涂胶后对准卡片夹基片上的记号，贴好，这样最后一个卡位也完成了。

39

敲击边缘贴合的部位，使贴牢。

40

卡片夹最下端的超出卡片夹基片的部分用裁皮刀裁去。

41

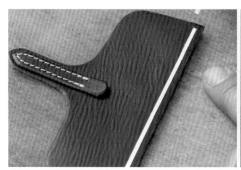

接下来组合零钱袋。首先在袋盖距直线边5mm处贴上宽3mm的双面胶，两头空约2mm。接下来，袋盖和零钱袋基片的中轴对齐，零钱袋基片盖住袋盖下边10mm左右贴合。

42

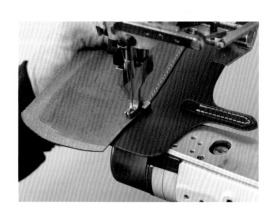

按照双面胶的大致形状缝一圈，将袋盖缝上。

43

缝合卡片夹长边的部分。一端空5mm，另外一端缝到第一个卡位的插卡口处。

44

因为之后要组合各部件，所以这里先处理主体上边（针脚附近）的毛边。

45

和之前相同的顺序来处理毛边，打磨涂边油。最后使用带板磨边器，可使皮边更具光泽。

46

打开缝合好的纸币层基片，敲锤缝合部位，使其完全展开。

47

下面制作零钱袋部分。根据图中的提示找到山折线和谷折线的位置。

谷折线

山折线

48

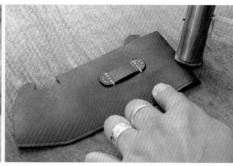

首先按山折线折起，并捶打留下折痕。

49

再折谷折线，也锤击留下折痕。捶打时展开山折部分，不会误伤皮料。

50

另一边也以相同的顺序处理，零钱袋就会呈现如图的状态。

51

除了在步骤44中缝合的长边，其余三边边缘约5mm区域里涂上树脂胶，然后，将卡片夹贴到纸币层的基片上。

52

零钱袋基片也相同，除了袋盖的那侧，其余边也涂上树脂胶。注意不要涂得过宽。

53

纸币层基片的边缘要分别贴合零钱袋和卡片夹的两片基片，所以边缘（31页09打磨的部位）也涂上树脂胶。

54

卡片夹贴在纸币层右边的基片。先贴上下两边再中间的长边，这样不容易走位。

55

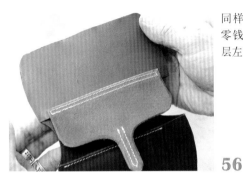

同样的方法，将零钱袋贴在纸币层左边的基片上。

56

为了让零钱袋的主体贴到基片上，基片正面的边缘（除袋盖一侧）打磨出约5 mm贴合区域。

57

刚才磨粗的部位，以及零钱袋主体的边缘（床面），涂上树脂胶。

58

零钱袋的开口（没有凹槽的那侧）对着袋盖，从两侧开始贴。然后根据之前的折痕折起，凹槽的两条竖线折起后是重合的，最后完成长边的贴合。按照正确的贴法，能够完全贴合不会有空隙。

59

敲击贴合部位。缝合零钱袋上的两条短边，两端空约 2 mm。

60

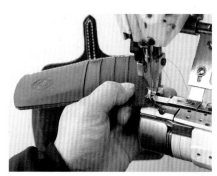

同样方法缝合卡片夹的上边。

61

缝合完毕后如图所示。处理掉线头。

62

和主体组合后不方便操作，所以将刚才缝合好的部分处理下毛边。

63

扣带床面，除了套 D 形扣的中央部分，其余地方涂树脂胶，穿入 D 形扣，对折贴合。

64

袋扣仅有一端为圆弧形，未成形的另一端也根据这头的形状切去多余部分，裁成圆弧形并处理毛边。

65

袋扣选较为美观的一面作为正面，另一面则作为反面并在反面贴上双面胶。拱起的部分不用贴。

66

根据纸样上的记号将袋扣贴在37页中完成的主体上并缝合。缝线距离袋扣边缘约3mm。缝合后敲打使服帖。

67

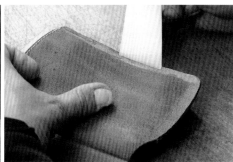

将步骤67完成的主体内侧的边缘除缝线区域和步骤62完成的纸币层基片需要贴合的边缘，涂树脂胶。涂胶的宽度约为5mm。

68

纸币层基片贴到主体上。首先是将两端的短边贴好，然后从两端往中央贴长边。注意不要走位，另外也请确认中央的部分要如右照所示那样，不要贴合起来。

69

接着主体之前的针脚开始，沿着零钱袋或卡片夹基片等各段缝线，缝合一圈。

70

处理线头，敲锤使针脚服帖。

71

 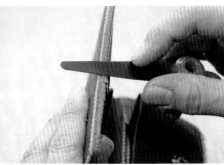

处理缝合部位的毛边，上边油。重叠着的皮革数量较多，用锉刀磨平后再沾水打磨，效果更佳。

72

使用圆头木棍扩展纸币层（主体和纸币层基片之间）的边端，有助于放纸币，收纳效果更佳。

73

完 成

折盖好零钱袋的袋盖，不要留下折痕，让其自然折起即可。作品完成。

中岛裕

2001 年店铺开业以来，相关产品的制作都由中岛先生独自负责，他非常注重作品使用后的状态和耐久度。设计细致制作的技能高超。

人气皮革工艺店

　　店铺 DARK END OF THE STREET 位于东京的下北泽，是一家定制皮革的工艺店。可以根据顾客的需要和喜好，按需定制。其中美容师必备的工具包，使用方便，款式多样深受好评。造型美观和实际使用效果并重的设计理念贯穿在所有的作品中。店铺法人中岛裕先生还在店中开设了手工缝制技术的学习课程。

下北泽时尚风格的店铺内陈列的种类繁多。即可按照样品制作，也可特别定制，不须花费高昂的费用就能满足您的各种需求。

除了实物还可以从照片目录选择您需要的。

SHOP INFO

DARK END OF THE STREET

大容量公事包

用手工缝制大包比较困难，但用缝纫机就能方便制作。此公事包一侧可装纳笔记本电脑，另一侧可放置书籍等，实用方便。使用柔软的皮料制作。

由"MASAKI&FACTORY"提供

细节　Detail

采用铆钉固定连接的方式固定包带，这样一来彰显公文包干练风格的同时还增强牢固性。

采用装纳笔记本电脑一侧大开口，而装纳资料侧小开口的设计。

装纳笔记本电脑一侧可完全打开，可方便取放笔记本电脑。

部件　Parts

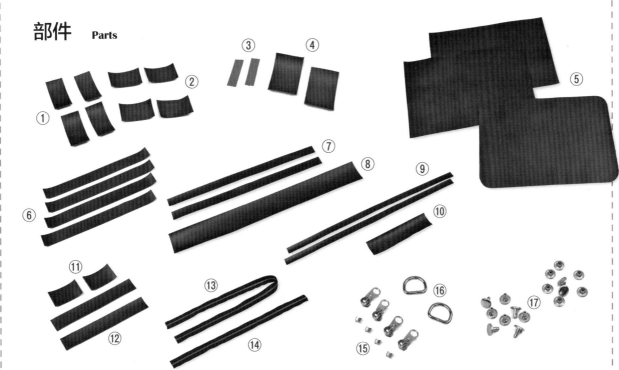

① 包带强化 ×4　② 底裆和拉链裆背面的接缝辅材　③ 芯材（结实的尼龙布）×2　④ D 形扣的扣带 ×2
⑤ 包身主体 ×3　⑥ 包带 ×4　⑦ 短拉链裆　⑧ 长裆　⑨ 长拉链裆　⑩ 短裆　⑪ 拉链压舌 ×2
⑫ 拉链头用皮　⑬ 长拉链（86 cm）　⑭ 短拉链（52 cm）　⑮ 拉链头 ×4、拉链下止 ×4　⑯ D 形扣 ×2　⑰ 铆钉 ×4 对
※ 皮料均为铬皮。

各部件的准备 各部件的最终剪裁以及皮面、皮边的处理。

包身主体边角切成圆角。使用直径为6 cm的圆形模板，把模板置于主体上，使圆心处位于距主体两边各3 cm位置并由此去对齐主体四角，然后在主体四角上画线，沿着划好的线裁皮。

01

处理包身主体皮革（除去边缘的部分）的床面。CMC兑水后涂于床面，半干状态下用专业清洁布擦拭。

02

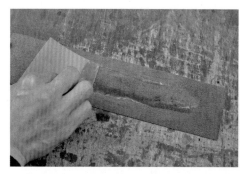 

同样方法处理底裆皮革的床面。

03

POINT

处理各拉链裆与拉链组合一侧的毛边，涂上床面处理剂，如图卷起涂的处理效率高。

04

上完床面处理剂后展开，固定在桌边等地方用专业清洁布擦拭。

05

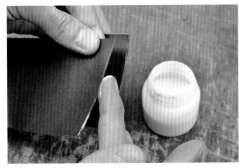

底裆和拉链裆的短边也处理一下，涂上床面处理剂擦拭。

06

刚才处理过的底裆短边，再涂上皮革保养剂。

07

同样处理好的拉链裆也涂上皮革保养剂。如此光泽度更佳。

08

接下来制作拉链拉头用的皮革部分。裁切好的皮革床面全部涂上树脂胶，将两端分别对折到中心，然后贴合。按照这样做两个。

09

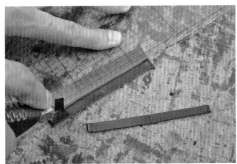

切去两边，中间保留宽 1.5 cm。

10

沿接头吻合处的中间位置切断，就有了四个拉链拉头。

11

斜切，使折叠一端比另一头短2~3 mm。

12

13 切好的拉链头。注意确保这4块大小、形状一致。

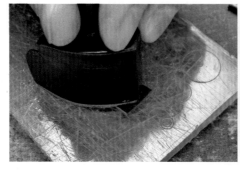

宽的那头，用V形铲切割成剑尖型。注意"剑尖"要在中线上，不要切歪。

14

15 制作完毕后的拉链头。稍后组合到拉链上。

接着制作装在拉链一端的压舌。首先拉链压舌用皮料床面全部涂上树脂胶。

16

将2片材料贴合，要完全重合着贴。

17

从贴合后的材料上切出宽2 cm、长3 cm大小的2份用料。

18

19 一端用 V 形铲切割，裁切后的效果如图。

20 缝合后需要反折，所以包身主体材料的四边 15 mm 的边缘部分需削薄到 1 mm 厚（原始厚度约 1.88 mm）。

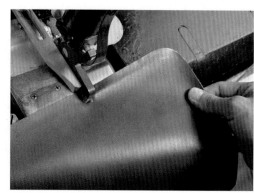

拉链裆未处理的一侧（未来和主体缝合的一侧），15 mm 宽的边缘削薄。

21

底裆的两条长边同样削薄宽15 mm 的距离。

22

包带全面打薄，削薄到 1 mm 厚。

23

各部件的组装
各部件准备完毕，下面进行组装。

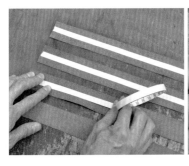

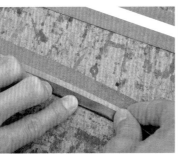

包带背面中央贴上宽 10 mm 的双面胶，长的两边向内翻折并贴住。

01

反复以上操作，完成 4 根包带。

02

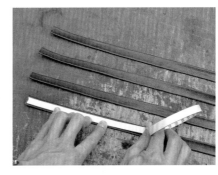

有接缝的那面中间贴上宽 10 mm 的双面胶。贴两根即可。

03

贴有双面胶的包带和没贴的包带两两相贴，均贴掉有接缝的那面，注意对齐不要走位。

04

另外两根也按照之前那样贴好，至此包带的制作暂时到此告一段落。

05

为便于拉链的安装，拉链两边的布带贴上宽5 mm的双面胶。

06

☑ **CHECK!**

仔细观察拉链的布带，可以发现布带上的纹路的不同。纹路不同的交界线是和拉链齿平行的，制作时可以作为缝合拉链的参照。一旦拉链缝歪了，会大大影响美观度，谨请注意。

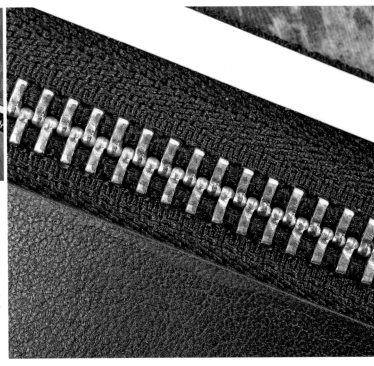

贴上拉链挡。长边相贴，拉链齿和拉链挡贴边的距离以能看到 2 种纹路的布带为佳。

07

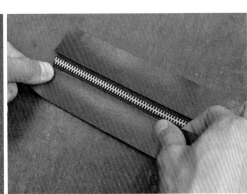

同样方法贴好另一侧，两侧距离要相等。

08

重复以上步骤，贴好另外一条拉链的拉链挡。

09

装上拉链头。首先剥开刚才处理过的拉链头用皮。

10

将拉链头穿上拉链头用皮后，再将皮黏合。完成4个拉链头。

11

将拉链头用皮缝一圈，缝线距边缘3 mm。拉链压舌除与拉链缝合的一侧，其余也如此缝边（结果见59页）。

12

专业技巧③

Techniques ③

隐藏线结

"MASAKI&FACTORY" 对于如何隐藏线结很有研究。起针和收针时，重复1针目。缝料取离缝纫机后再剪线，将上线扯到底线一面（制成后的背面），最终将线头固定。如此表面也不会有切除线头的烫痕等。虽说有些费事，但却是很有参考价值的技术。

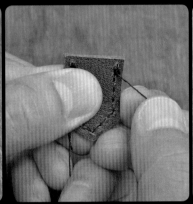
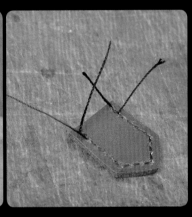

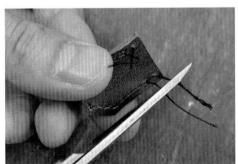

线头全部扯到背面，剪断留下5 mm线头，再用打火机烧下线头固定。

13

缝好后的拉链头。注意从拉链头一侧开始缝。

14

这是拉链压舌，未来与拉链缝合那一侧不用缝。

15

处理好线头，轻捶缝合部位，使针脚服帖。

16

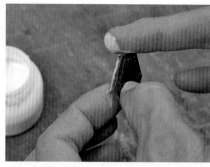

处理拉链头和压舌的毛边。首先涂床面处理剂。

17

专业清洁布擦拭后，再涂上保养剂。

18

专业技巧④

Techniques ④

拉链的缝制

继续拉链和拉链裆的缝制处理，这里也需要掌握一些专业技巧。需要缝长直线的时候，长线缝得是否笔直直接影响美观。缝纫机压脚和皮革两边保持平行（3 mm 的缝边），手指置于拉链裆两边，作为引导装置辅助缝合。只要注意保持手指不动，就能很容易缝出直线。此技巧不适合过宽的缝料，但掌握好了总是有益的。

底线没了怎么办?

缝纫机的上线，因为看得到所以很容易就能了解状况，但底线一直要到用完了才能发现。底线稀少时，缝线张力也会改变（张力变弱），上线会松垮，而当底线完全用完，就会出现只有针眼线而线没缝上去的情况。这时，就要从线张力不平衡的地方开始拆线，往前数针目开始重新缝合。线头的处理最后统一进行即可。

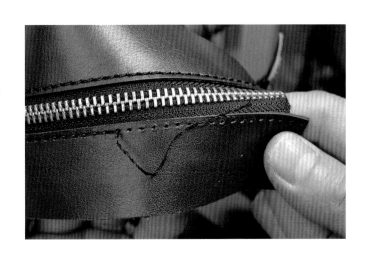

其实在底线远未完全用完之前，缝线张力就不平衡了，所以首先要从背面（底线一侧）拆除张力不平衡的缝线。

替换梭芯后，从张力平衡的针脚的最后2针处开始重新缝合。

前后两次缝线的线头全部从背面扯出。

剪短、炙烤固定后完成。

拉链端有 10 mm 需要和底裆重合，所以在距端 15 mm 的位置安装拉链下止。用尺确定好位置。

19

去除端口 15 mm 的拉链齿。使用剪切钳，处理的时候拉链齿容易弹出，用手压着处理。

20

长短两根拉链相同，分别去除两端的拉链齿。

21

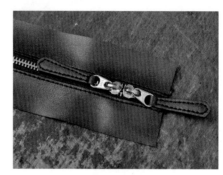

将 2 个拉链头装到拉链上，宽头相对。

22

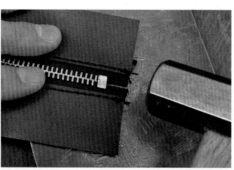

将拉链头移动到中间，把下止插入拉链端头，用锤子轻敲，调整咬紧。

23

在另外一端也装好下止。另一根拉链也同样处理，装上拉链头和拉链下止。

24

两端贴上宽 10 mm 的双面胶。

25

长拉链和短底裆连接、相贴，两段之间重合约 11 mm。

26

同样短拉链和长底裆连接、相贴。这样皮包大致的侧身轮廓就出来了。

27

底裆和拉链裆连接部分的辅材背面，四周贴上宽 5 mm 的双面胶。

28

双面胶围起的部分，以及拉链头相接的对应部分（除去两边削薄的部分，接线略往上一些）涂上树脂胶，贴上辅材，注意不要遮住拉链下止。

29

敲捶使皮革贴牢。

30

拉链压舌背面，没有缝边的那侧贴上宽 5 mm 的双面胶。

31

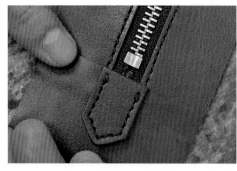 

将压舌贴到拉链短的连接档上，沿着拉链的延长线方向，贴在底档的上端，敲捶压牢。

32

接下来制作包身周边部分。首先是包带，将处理好的包带（第56页）缝边，只缝两条长边，缝线距边缘3 mm。

33

D形扣的扣带用皮的床面上胶，中心处贴上芯材后，芯材表面也涂上树脂胶。

34

以中线为基线，两条长边向中间对折，敲击贴牢。

35

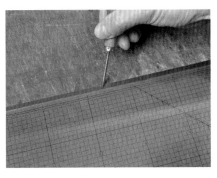

下面制作包身主体部分，上边的中心点用锥子做个记号。贴着边线做记号，完成后是隐藏掉的地方，所以记号可以直接做在正面。

36

同样，下边的中心点也做上记号。

37

为方便从皮边就能确定中心点，用笔在皮边相应中心点的位置做记号。

38

POINT

挡上也要做中心点的记号。将拉链挡和底挡的接合线对准相重合，自然对折到两端，就能方便地确认出中心点。

39

挡的中心点也用笔做好记号。记号颜色宜选用和皮革完全不同的颜色。一小点就足够了，记号不用留得过于显眼。

40

将36中确定好的2个中心点相连，在包身主体部分的床面划一条中心线。

41

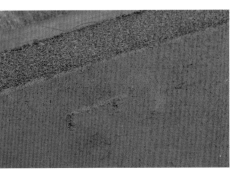

同样在床面，以距中心线60 mm，距上边25 mm的一点为基准点，从此点向外侧划出15 mm长的细线。以中心线为中轴，另一侧也同样划出对称的线。

42

扁冲的上边对准刚才划的细线，打孔。

43

包带强化用皮的床面四周贴上宽5 mm的双面胶。

44

包身主体背面，画距中心线50 mm的平行线，包带强化用皮内侧的长边对准此平行线，短边距上端35 mm，将包带强化用皮贴到包身主体上。

45

辅材四个角上距边各3 mm的位置用锥子打孔，要用力将下面的包身主体一起穿透。

46

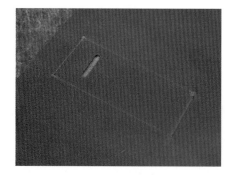

将包身主体翻过来，在皮革正面沿着步骤46打的孔划上连接线，用作缝线标记。

47

将两个D形扣扣带的短边并列连接在一起，一次性缝合两条长边。

48

连接缝合效率 UP！

缝纫机缝合时，如果不剪线缝制的制品当然无法从缝纫机上取下来的，但如果利用回针缝的话，可以不用特意结线，就可以不剪线一气呵成地进行连续缝合了。如此缝制（当然这样缝制的缝料之间需要注意留好线间距），比起每次剪线要高效得多。

缝合底裆和拉链裆间的接线处。两端和压舌的断层处要回针缝。

49

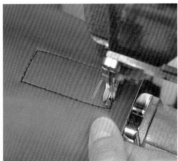

沿着步骤47划出的线条，缝住包带强化的用皮。

50

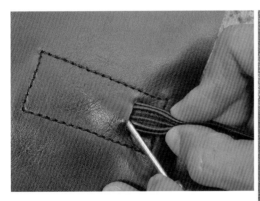

将包带塞入扁冲子打好的孔中。开口较紧，塞入时可以配合使用锥子，一边调整包带一边扩大开口将包带塞到底。

51

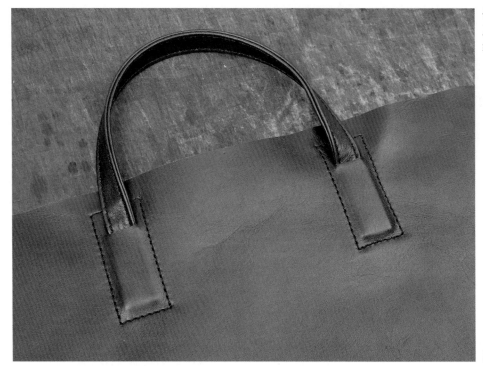

包带另一端也用同样的方法塞入。塞好后的最终效果如图，塞的时候请注意包带的方向。

52

 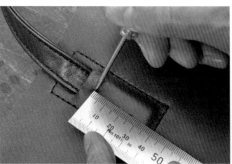

塞入后在包带的中心线，距辅材下缝线 15 mm 和 40 mm 的两处做记号。

53

 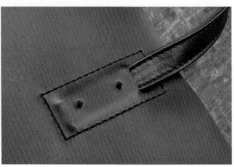

在步骤 53 所打的记号处，用 3 号圆冲打孔。包身主体、包带、强化用皮等多层材料重叠，所以打孔时要注意用力将这些材料都打穿。

54

打好的孔穿上铆钉，用力敲紧。当铆钉无法转动时，说明安牢了。重复以上步骤，制作另一面的包身主体。最后包身主体还剩一片，是内部用的，可先搁置在一边。

55

D形扣扣带的背面，一半贴上宽 10 mm 的双面胶，穿上 D 形扣后对折贴好。

56

整体组装　包身主体和裆都完成了，下面就组合各部件。

安装好包带的包身主体正面的四边，贴上宽 3 mm 的双面胶。

01

可以轻敲刚才的双面胶使贴牢。

02

撕除双面胶的贴膜，贴合包身主体和裆。从上下边的中心开始贴合。注意都是正面对正面贴合。

03

从中心开始向左或右角方向贴。

04

然后贴一侧的短边。包身和裆的长边不合时，通过调整短边来配合。用弯角调整容易坑坑洼洼。

05

短边也贴好后，最后贴转角的部分。

06

重复再贴另一侧的短边。

07

08 贴好裆的包身主体如图。另一组包身主体和侧裆也以同样方法贴好。

D形扣的扣带是插到裆和包身主体之间的，距D形扣5 mm处绕贴一圈双面胶。

09

标记D形扣的位置。位置在距包身中心12 cm处。完成后D形扣互为左右，所以在两个包身主体部分的同一侧（一个右另一个也右）标记即可。

10

标记处的双面胶剥开，扣带的内侧对准标记，插入扣带。之前缠的双面胶就是为了在此贴合包身主体和裆。

11

以D形扣处为起点，缝合裆和躯干主体。缝线距边缘6 mm。

12

缝好一圈后，安插扣带的部分再缝一次加固，处理线头。

13

缝好后，切去超出躯干主体部分的扣带。

14

将短拉链裆那面的裆翻出，状态同完成的形态。

15

缝面翻出后，缝合部摊平折起，加深折迹。

16

剩余的 1 片未处理的包身主体，床面四边贴上宽 3 mm 的双面胶。

17

为了方便下一步的贴合，将档未缝合的一边如图所示折叠。

18

然后与17的包身主体贴合。贴法和之前相同，从上下边的中心开始贴。

19

接着从中心往边角，先贴上下两长边。

20

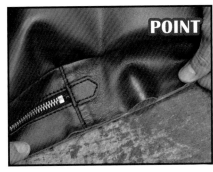

贴左右两条短边时，档边要是长了有拱起的地方，先将隆起部的中间压贴住，然后再压左右两边的小隆起，如此反复直到服帖。

21

中间的包身主体贴好后，再在四周贴上宽 3 mm 的双面胶。

22

将另一个包身主体翻出与73页的包身相扣贴合。将上边的中心点对准后，从中心点起向两端慢慢贴合上边。

23

接着贴下边，也是将中心点对准后，从中心点开始向两端边角处贴。

24

再贴左右两条短边，最后贴边角。贴完后如右边照片所示。

25

对所有已贴合部分进行缝边，缝线距边缘 6 mm。从底边中心开始，最后重合 3~4 针目。

26

将拉链全部拉开到底，从包带附近开始将档边翻回。

27

接着再翻侧面的档。

28

底面翻过来后，沿着针脚用力折，使包身棱角分明。

29

其余部分以同样方式折好。只有缝边分明，包才显得有型。

30

完成

由此公事包就制作完毕了。也可根据需要再做条背带。

雨宫正季

曾赴意大利学习皮革制作技术，而后在名工坊进修，学成后开始自行从事皮革制作工作。现经营的店铺开设于2007年。

时尚皮革物品的定制店

　　从东京都世田谷区的三轩茶屋站步行10分钟左右，就到"MASAKI&FACTORY"了，店标是一个非常质感的金属包。店内陈列着雨宫先生手工制作的有代表性的各式原创品，有挎包、眼镜盒等，而本店的卖点在于定制。店铺也作工坊用，所以可以参照实物挑选皮革、线、五金配件等进行定制。即便想法尚未成形，雨宫先生也能帮您完美构思，所以大可以放心。也正因为成品考究，订单很多，交货时间大致需要6个月，但绝对有等待的价值。

店铺和工坊一体化，沉稳大气，使顾客不论学习还是购物都能轻松愉悦。店内也展示着大量原创的皮革制品，要是有中意的也可以直接购买。

除了小物件还有很多展示的包包。

SHOP INFO
MASAKI&FACTORY

多口袋托特包

使用方便，是非常受欢迎的一种类型。虽是大件，但用缝纫机就能轻松完成。本制品虽然样式朴素，但各处都设计有小口袋，方便使用，贴心的设计也是其魅力。部件分得较细，可以从小处开始着手。

由"leather shop mal-paso"提供

细节 Detail

可以用来稍微塞点小东西的便利侧袋。

包身中心部的口袋，采用和躯干表面组合的特殊工艺设计。

包内侧，背面也设计有挂袋。

部件 Parts

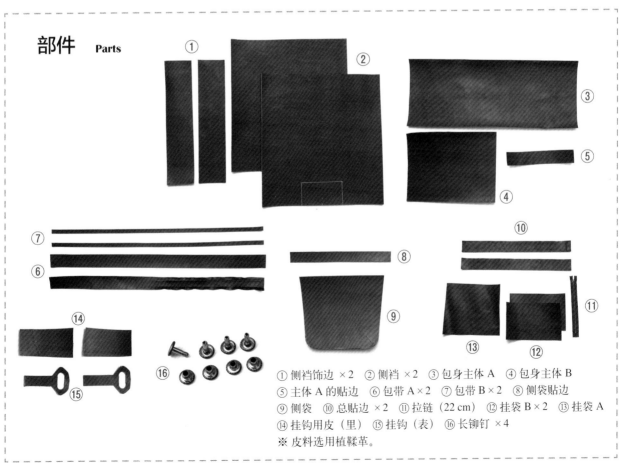

① 侧挡饰边 ×2 ② 侧挡 ×2 ③ 包身主体 A ④ 包身主体 B
⑤ 主体 A 的贴边 ⑥ 包带 A×2 ⑦ 包带 B×2 ⑧ 侧袋贴边
⑨ 侧袋 ⑩ 总贴边 ×2 ⑪ 拉链（22 cm） ⑫ 挂袋 B×2 ⑬ 挂袋 A
⑭ 挂钩用皮（里） ⑮ 挂钩（表） ⑯ 长铆钉 ×4
※ 皮料选用植鞣革。

包身主体 B（包身袋部以下的表皮），长边各留 13 cm 不动，剩余部分和其中一条短边边缘削薄 15 mm 宽。边界部分斜着削薄。

01

包身主体 A（内侧包身兼包身表面的口袋）两侧长边，打薄宽 15 mm（床面）。

02

侧裆贴边的长边和两短边削薄。

03

主体 A 的贴边，四边削薄 15 mm 宽。

04

接下来，包带 A 两条长边各削薄 15 mm 宽。

05

侧袋的削薄部分是除上边的另三条边（宽 10 mm）。下侧的边角如照片所示，削薄部分稍嵌入到内部（为之后要切割成圆角考虑）。

06

装在包内侧的挂袋主体，除去上边及左右两边空 3 cm，其他部分边缘削薄 10 mm 宽。

07

总贴边，上边削薄宽 10 mm，其余边削薄宽 15 mm。

08

包身主体的制作   需要将里外形状不同的部件组合在一起制作，从较有特点的躯干开始制作。

首先从包身的主体部件开始着手。距包身主体 A 的短边 4 cm 处画条线，代表贴边贴合的位置。

01

用硬纸板遮住线一侧不用上胶的部分，另一侧涂抹树脂胶。

02

主体 A 贴边床面也涂上树脂胶。推荐使用环保树脂胶，气味较小。

03

贴合前，给饰边的下侧上边油。这样不仅好看，也提高耐久度。

04

贴合时注意对齐，不要超出，贴好后用滚筒压牢。

05

贴和后处理毛边。先用砂纸磨平表面。砂纸用 #150、#240、#600，3 种型号分别处理。

06

打磨光滑后上边油。

07

边油再最开始涂时比较难抹开，可以用手指或指套涂抹。边油干了后，再涂第二遍。

08

专业技巧⑤

Techniques ⑤

植鞣革遇水变软

一般观念认为皮革禁水，不过这也要看处理方法，少量的水分其实可以成为制作的助力。本次用料为植鞣革，此种皮革遇水就会变软。灵活运用此属性，比如用于边缘做弧形时可以借助水的作用帮助皮革的加工成形，用含水的海绵轻轻湿润表面，可以帮助皮革顺利加工成形。

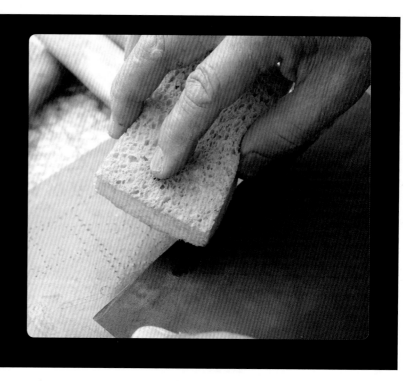

湿润边缘后，用带板磨边器打磨边缘处理成圆弧形。

09

两端空 5 mm，缝合贴边，缝线距边缘 3 mm。

10

距包身主体 A 缝线位置 18 cm 处，用水银笔做个标记，尽可能标记在表面边缘的地方。

11

翻到床面，距缝线 19 cm 处画条线。

12

接着是包身主体 B，80 页打磨的短边，在皮革正面打磨出 1 cm 宽的边，涂上黏性强的透明胶水。

13

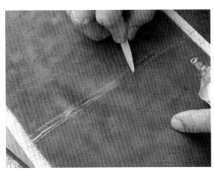

在主体 A 上，步骤 12 的线与步骤 11 记号的中间部分，也涂上透明胶水。

14

主体 B 与主体 A 涂胶水处对齐贴合（主体 B 与主体 A 有缝线的一端同侧）。用小榔头敲实。

15

步骤 11 所做记号的下方 5mm 处（A 的缝边在上），用水银笔画线，沿此线缝合主体 A、B，两端空 5 mm。

16

躯干主体 A 和 B 缝合后，处理两端（两短边）的毛边。

17

主体 B
主体 A

在主体 A、B 重合的位置做标记。制作无误的话，标记应在距主体 B 上端 10 cm 的位置。

18

标记点以下重合部分的边缘打磨。

19

主体 A 贴边的端口也要打磨。

20

刚才打磨的部位都涂上透明胶水，然后贴合压牢。

21

此时，距贴合后的包身主体两条短边 28 cm 处，分别做标记。

22

在步骤 22 的两个标记点间的中心再做标记。如果皮料没有起皱等，在距步骤 22 标记的 5 cm 处。

23

在躯干主体两长边距边缘 10 mm 处各划一条线，并打磨。注意保留步骤 22、步骤 23 做好的标记。

24

包带的制作
制作好躯干之后制作包带部分。包带采用的是 2 块皮料的二段构造。

使皮料软化，湿润皮革正面。轻触即可，注意水分不宜过多。

01

打薄过的较粗的包带 B 床面，涂上树脂胶。

02

专业技巧⑥
Techniques ⑥

使用锤子定型

包带两边折向中间，可以一边折完再折一边的方法，但有一个更加快捷的方法，即如图所示，将左右的两端对齐到中间，然后捶打接缝的方法。两边相接，捶打时不会产生空隙，另外捶打的力度也能很好使材料紧密贴合。实际体验一次就能知道此方法的便捷了。要是觉得难的话，也可以先确定中心后，再一边一边地折。

翻折后使用滚筒，使表面更加均匀紧实。

03

☑ **CHECK!**

接缝处有多余漏出的树脂胶，可用生橡胶的除垢品（此处使用的是"COLUMBUS"的"RUB-RUB"去污橡皮擦）擦一下就干净了。

较窄的包带 B 是重合在刚才处理的包带上的，预先上好边油，处理皮边。

04

接缝部分打磨宽 10 mm 的范围，涂上树脂胶。将包带 B 贴合到包带 A 的中间位置。

05

锤敲压实，漏出来的胶用去污橡皮擦干净。

06

两端多少会有些长短之差。切断、对齐。

07

可以根据实际喜好裁切长度。

08

用砂纸打磨切断面，保持平滑。

09

磨平后，涂上边油。

10

最后缝边，缝线边距3 mm，这样包带就完成了。

11

制作侧裆部分
接下来制作裆的部分。和包身主体相同，此部分也是复合了各种部件的独特制作法。

将侧袋的图纸和皮料重合，标记下侧要切进的斜线，并沿该线裁切。

01

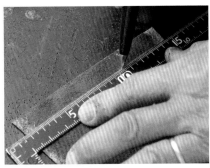

翻转皮料将床面朝上，距上边15 mm处画线。

02

处理袋口上端的毛边。上完边油后用磨边器磨圆润。

03

刚才步骤 02 画线的上方涂上树脂胶。其余部分用硬纸板遮挡以防误涂。

04

侧袋贴边床面涂上树脂胶。此贴边需预先整体打薄成 1 mm 厚。

05

根据标记线条贴上饰边，超出口袋的部分切除。

06

再次处理贴边一侧的毛边。

07

侧袋床面，在斜线切口处做标记。第一个标记位置是切线外端向下 10 mm，第二个标记位置是切线外端向上 3 mm。2 个标记间画上连接线。

08

口袋保持床面在外，以斜切线为中心对折（口袋下端的边缘要相重合），沿刚才的连接线缝合。

09

缝合贴边，两端空 5 mm，缝线边距 3 mm。

10

将缝合的斜切线处翻出来，为保护皮料，可以略微湿润后再轻翻。

11

缝合部分劈缝，分开缝线上的皮边部分，锤打使包身棱角分明。

12

超过侧袋轮廓部分的皮边切去。

13

再用砂纸磨平。

14

再次打开折着的皮边，床面涂上树脂胶固定。

15

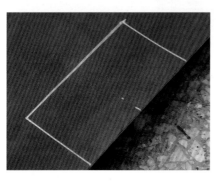

以侧裆的短边中点为中心点，各向左右45 mm处做标记，再从此处起上方50 mm处做标记，之后连接标记点，画出如图所示的线。

16

沿线裁切皮料。从中间往边角裁切时，容易裁过线，建议在4~5 mm处先停一下，然后从边角开始反方向裁剩下的部分。

17

在切边的13.5 cm处做标记，以长边为基准，该标记向内8.5 cm的位置再做一记号。此标记应和侧袋图纸的上侧角重合。

18

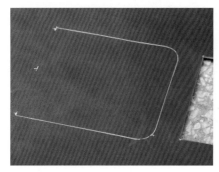

侧袋图纸的轮廓画出后如图所示。只需在有侧袋的裆上完成这些制作。

19

打磨轮廓线内侧宽5 mm的范围。会影响制作完成后的美观度，因此打磨时注意不要超过轮廓线。

20

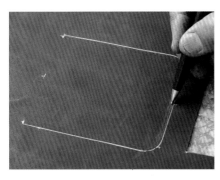

底边中心做个标记，作为贴侧袋的基准。

21

同样侧袋底边以图纸为参考标记出中心点。

22

侧袋边缘和侧挡上的标记位置，分别涂上胶水。

23

开始贴侧袋。将侧袋边缘对准轮廓线，从上端开始贴。

24

接着从底边的中心开始贴，之后依次贴下边角以及剩余的部分。

25

☑ **CHECK !**

侧袋对于躯体而言需要带着明显的圆弧形贴上去，操作要求较高。推荐适当湿润变软后再进行操作。

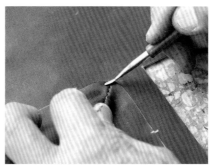

边角部难以用手贴牢，可以使用压擦器帮助贴合。

26

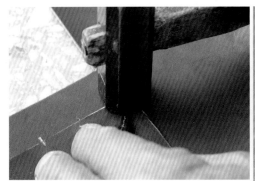

再用锤子轻捶，压牢。这样侧袋就如右边照片所示的形状了。

27

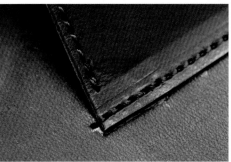

侧袋的边缘处缝边，缝线边距3 mm。最上端的针目要超出边缘一针，并回缝。

28

缝合完毕，侧袋稳固固定后，用木棒推挤，帮助边缘和中间部分成形。

29

接下来处理另一个侧裆。采取同样的步骤，首先距上边 10 mm 处画条线，线以上的部分打毛。

30

 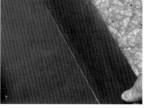

标记线上打毛部分以及侧裆饰边的打薄了的长边涂上树脂胶，重合贴好。

31

两端超出的部分，就切一下对齐。接缝处缝边，缝线边距3 mm。两端空5 mm不缝。

32

安装侧袋的裆的底边，打磨出约10 mm的边，并在5 mm处标记出缝合线。

33

皮革正面相对，垂直方向对折，沿着步骤33标记出的下端的缝合线缝合。

34

正反面的缝线上都涂上树脂胶。

35

皮革正面润湿，使皮料柔软，然后劈缝，翻开针脚前的皮边，敲击皮表以帮助贴实。

36

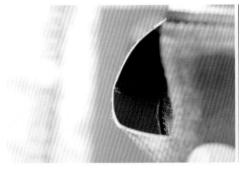

标记出中心点，将缝合线中央处对准该标记点，和夹成直角的边重合，裆的一端呈山的形状。然后按照右边照片上的部位（两端的边角附近）敲打，使端口不会自己打开。

37

距边5mm划出缝合线，并缝合。

38

步骤38缝合的部分也要折起贴好，所以湿润对应的皮革正面部分。

39

涂上10mm宽的树脂胶，沿缝线折叠，贴好。

40

按着折返部位的两端，将裆翻出。这时也可以湿润皮面，让皮革柔软后再翻。

41

 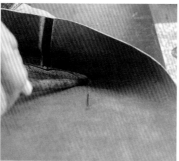 

翻转后，捶打步骤 38 翻折的部分以压实。内侧用木棒推挤将边角部分推出，轻捶表面的边界线等帮助成形。

42

处理好垂直的毛边后，侧裆部分就完成了。相同方法做另一面没有侧袋的侧裆部分。

43

组装整体

各部件准备完毕，接下来进行整体的组装。

包身主体的长边上的标记到外侧部分涂上胶水，与之相对应的裆的床面边缘部分也涂上胶水。

01

包身的标记线和侧挡的长边对齐，从两端开始向侧袋的上段附近部分贴，敲一下压紧。

02

接着将底边两端折起塑形，包身底部的中心对准挡的缝合线，贴合。

03

可在内侧放入一个锤形底座，之后敲锤使贴牢。

04

底角贴好后再剩下的部分。如果挡长了，测量好间距先贴中央，如果出现两边隆起也同样先贴中间部分，反复此过程直到全部贴合。

05

如左边的照片，打磨包身和另一个未贴合侧裆的正面和床面。使用 CMC 用打磨布料摩擦。干了以后用玻璃板等再刮一下就变得光滑了。

06

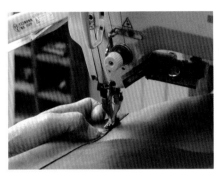

另一边的裆也同样贴好，接缝处缝线边距 3 mm。最好用臂式缝纫机缝合，没有的话也可以手缝。

07

至此主体部分就差不多完成了，包已经有了基本的样子。

08

接下来装配包带。包带装在主体和侧裆接缝的地方，如图所示。

09

包带正面下端画一条中心线，线长 30 mm。

包带翻到反面，下端 30 mm 的部分打毛，涂上胶水。打毛时注意不要损坏缝线。

10

11

距主体开口端 60 mm 和 30 mm 的位置，以接缝线为起点画两条 20 mm 长的平行线，打磨平行线之间的皮面部分。

12

打磨部分涂上胶水，包带对齐下方的标记线贴合，敲打压实。另一端和另一条包带操作相同。

13

沿着步骤 10 所画出的记号线缝合。接着距包带底边 3 mm 处横着缝合。注意横向缝合时针目要跨过包带到包身主体上。

14

098

缝好后的状态。针目超过包带的两端以增加强度。

15

按照相同的工序，装配另一端的包带。注意包带的方向。

16

内部的制作　主体基本成型，下面制作挂袋等内侧的部分。

拉链织带端头涂上胶水，折贴固定。

01

织带一侧，5 mm左右的部分，涂上胶水。

02

挂袋 B 的皮料和拉链相贴。贴合时注意拉链和皮料边缘的平行以及拉链和皮料中心的对齐。

03

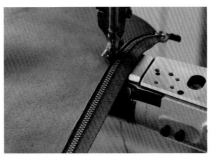

距皮料边缘 3 mm处进行缝合。

04

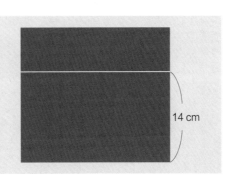

挂袋 A 的皮料，距下侧边14 cm 处画条线，贴着该线在上方涂胶。

14 cm

05

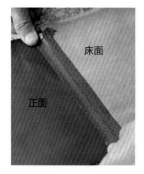

对准标记线，将拉链带另一边贴上。

06

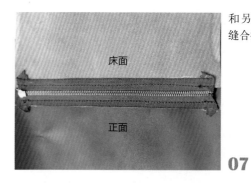

和另一侧对称，缝合拉链带。

07

缝好拉链后，挂袋 A 皮料的床面用 CMC 处理。除了带口那侧的边，其余 3 边无须处理。

08

挂袋边缘涂上胶水，沿着拉链折叠，贴合到挂袋 A 上。紧靠着拉链链齿的位置也要贴合好。

09

按步骤 09 那样贴好后，边缘对齐裁切整齐。

10

步骤 08 打磨过的挂袋皮料 A 和另一块挂袋 B 下端对齐，上端做下标记。

11

在步骤 11 所做标记的下方边缘部分涂上胶水，贴合三边。

12

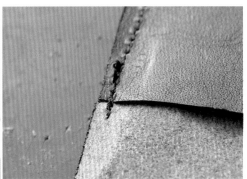

缝合挂袋边缘两侧，下侧皮料上比上侧多缝 2 针目。缝合完毕后，处理下毛边。

13

主体袋口总贴边的上边（打薄范围窄的一边）的边缘上涂皮革保养剂。

14

对折确定中心，端口上做标记。此标记上下均要做。

15

挂钩形状的用皮床面涂上树脂胶，贴在另一个上过树脂胶的还未做成挂钩状的用皮床面。

16

将现有的挂钩形状用皮朝上放置，根据其挂钩轮廓，裁切下侧的用皮。

17

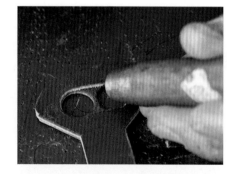

内侧的椭圆部分，首先两端用40号（直径12mm）的圆冲打孔。

18

剩余部分用美工刀裁去使两圆相接。

19

棍子上卷上砂纸等，磨平边缘。

20

POINT

同样涂上皮革保养剂，精细处可使用修边器等。

21

以3mm为缝线边距，沿着挂钩外侧缝一圈。

22

接着挖空部分的边缘也要缝。因为是带有弧度的线条，需要一针一针慢慢缝。

23

由于要黏到贴边上，所以挂钩下方打磨10mm。

24

挂钩用树脂胶贴在贴边床面的中心线下方。

25

挂钩和贴边缝合，针脚要超过挂钩的两端。

26

在挂袋标记处上方的中心，以及贴合用的标记线（距上边 10 mm）处做标记。标记线上方涂上胶水，中心对准，将挂袋贴在贴边的下方，贴合时注意将挂钩也对准。

27

挂袋和贴边缝合，缝合时注意针目要超过挂袋两边各 1 针目。

28

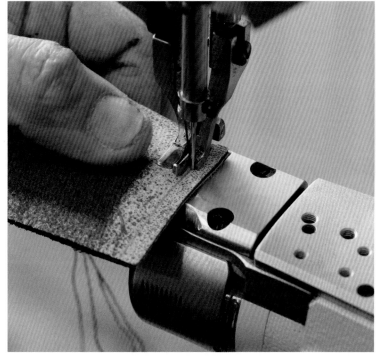

将两条总贴边的皮革正面相对，缝合，缝线边距 5 mm。之后略微湿润皮表缝合着的部位周围。

29

步骤 29 缝合部分床面涂上胶水，分开两边分别贴合，并用锤子敲紧。

30

将超出缝合部位的部分裁平。观察主体部分的开口部，如有参差不齐处，尽量采用自然过渡的方式裁平（前后 2cm 左右的过渡）。

31

最终装配   包身主体和贴边、挂袋组合完毕即可完工。

贴边的挂袋部分上部涂上胶水。

01

背面以挂钩为中心，涂上宽 10cm 左右的胶水。

02

主体内侧，装配挂袋处距上端 50 mm 处，居中画一平行的辅助线，辅助线长为 12 cm。另一侧高度相同，但辅助线长度为 10 cm。

03

先在步骤 03 画出的标记线的内侧以及距上端 15 mm 以内的区域涂胶水，贴上贴边。在侧裆的中心和剩余的部分，敲打贴紧。

04

就算谨慎贴合也难免会有些小错位，对齐裁去。

05

从包带下部遮住的部分为起点，缝合袋口。

06

安装铆钉。首先包带中央，距下端 40 mm 的位置做标记。

07

在标记处用 12 号的圆冲打孔。因为有多层重合着的皮料，注意用力打穿。

08

穿入长铆钉，打紧直到铆钉不会转动。

09

最后为袋口的皮边涂上边油。

10

完 成

托特包到此完成。如果不想让铆钉显眼，可以用冲子切割出和主体同色的皮料，贴在铆钉表面上即可。

杉浦丰

有着30年以上皮革工艺制作经验的杉浦先生，皮雕技术更是娴熟。

皮雕技艺高超

坐落于千叶县茂原市的"leather shop mal-paso"，从零钱袋、钥匙链等小物件到钱包、各类箱包，经营的商品范围广泛。而制造这些物品的正是杉浦先生，运用多年制作时累积的各种经验，不断创作新作品。而皮雕更是该店的特长，拥有极高的工艺水准。店铺不仅出售皮革制品，也开设有皮革工艺制作的课程，课程设置为每周1次为期1年。除了工作日，周日也开设有相关课程，方便更多的人可以参加。

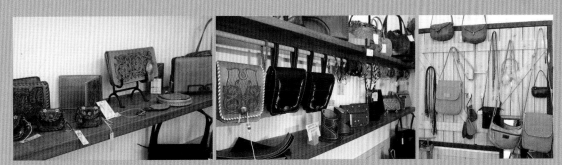

用料考究、质感十足的皮革制品陈列于店铺中。不仅可以购买制作的成品，就连制作需要的皮料、辅料也能购得。

公认需要融合高超制作技巧的马蹄形零钱袋，也是该店的招牌商品之一。恰到好处的开合度让人惊叹。

SHOP INFO

leather shop mal-paso

古朴又不失精致

束口式肩包

　　用于日常随意外出时便携的肩包，颇受男士们的欢迎。本制品将束口袋的元素融入肩包中。虽说设计简单，但选材和做工都很考究，是一款结实又实用的包包。

由"Lesthetic"提供

细节 Detail

上袋口用皮绳束缚，是设计要点之一。

主体内侧配有质感上佳的拉链。

考虑到和人体的贴合度以及收纳效果，底部采用梯形设计。

部件 Parts

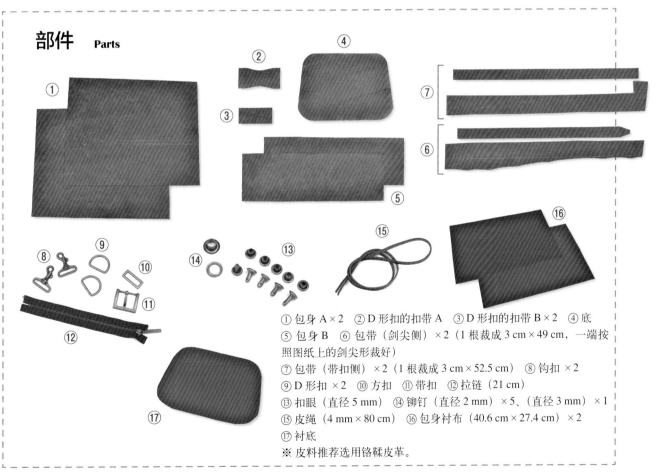

① 包身 A×2　② D 形扣的扣带 A　③ D 形扣的扣带 B×2　④ 底
⑤ 包身 B　⑥ 包带（剑尖侧）×2（1 根裁成 3 cm×49 cm，一端按照图纸上的剑尖形裁好）
⑦ 包带（带扣侧）×2（1 根裁成 3 cm×52.5 cm）　⑧ 钩扣 ×2
⑨ D 形扣 ×2　⑩ 方扣　⑪ 带扣　⑫ 拉链（21 cm）
⑬ 扣眼（直径 5 mm）　⑭ 铆钉（直径 2 mm）×5、（直径 3 mm）×1
⑮ 皮绳（4 mm×80 cm）　⑯ 包身衬布（40.6 cm×27.4 cm）×2
⑰ 衬底
※ 皮料推荐选用铬鞣皮革。

各部件的准备 裁出各部件后，进行装配前的准备。

包身 A、B 和底的各边打薄。

01

包身 A 短边打薄 10 mm 宽，其他 3 边打薄 20 mm 宽。

02

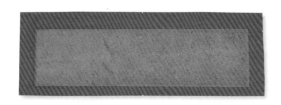

03 包身 B 除了和底相接的一长边打薄 10 mm 宽，其余边打薄 20 mm 宽。

底四周打薄 10 mm 宽。

04

根据图纸标记出拉链的位置。

05

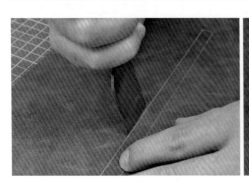

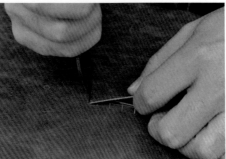

沿着区域线裁切。请特别小心四个角，注意不要过线。

06

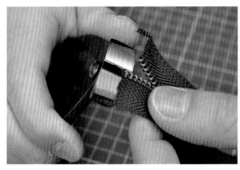

如果没有 21 cm 长的拉链，需要自行制作，将长拉链切短到 21 cm，拆除链齿，装上拉链头以及上下止。

07

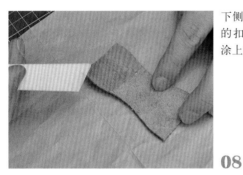

下侧用的 D 形扣的扣带 A，床面涂上树脂胶。

08

胶水半干时，穿入 D 形扣，扣带中间对折贴合，然后如照片所示，对 3 条边缝边。缝线边距为 3 mm。

09

躯干的组装　各部件准备完毕后，首先进行包身部分的组装。

拉链带的两边上分别贴上宽 2 mm 的双面胶。

01

闭合拉链，以拉链头在上的方向贴到刚才挖空的拉链区域中。下止紧靠区域边线。

02

包身 B 床面长边 20 mm 宽（打薄的部分）涂树脂胶。

03

折起 10 mm 宽反向贴合。

04

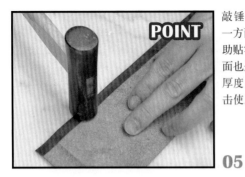

敲锤反折部分，一方面是为了帮助贴牢，另一方面也是为了减少厚度，要用力敲击使扁平。

05

在包身 A 靠近拉链的短边上贴宽 2 mm 的双面胶。

06

以图纸上距下边 10 mm 的标记线为基准，将包身 B 贴到包身 A 上（注意是 B 折叠的一边贴合）。另外一组包身 A 和 B 也同样贴好。

07

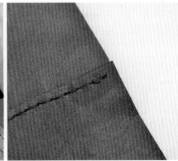

以 2 mm 为缝边距，将包身 B 和包身 A 缝合。两端空 2 mm，起针、收针各回缝一针目，然后剪断线头并炙烤固定。

08

另外一对包身 A 和 B 也同样缝合处理。将之前贴着的双面胶除去。详细理由参见下方。

09

专业技巧⑦

Techniques ⑦

适时去除双面胶

机缝时会较多使用到双面胶。因为和手缝不同，缝制前并不需要菱錾打洞，也不需要用胶水那么强力的黏合剂。双面胶成为了机缝时提高制作效率的手段之一，但此种方法也有缺点。因为机针穿透双面胶的部分，有时会有发黏阻碍机针运作的情况，另外，时间长了，双面胶上的胶会渗透并沾染到皮料上去。所以缝合完毕后，在尽可能允许的情况下，最好将双面胶除去。

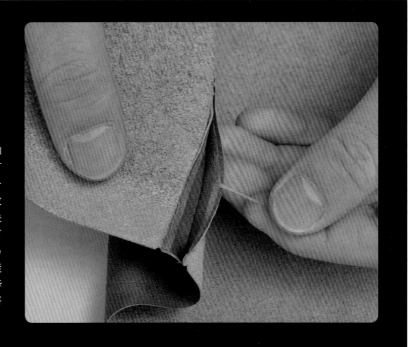

缝合完毕后，躯干的两条长边（正面）边缘贴上宽 2 mm 的双面胶，并相对贴合。接缝处有高低差，走位会影响美观，注意接缝对齐。

10

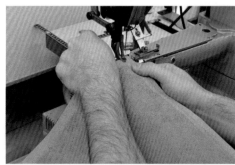

以 10 mm 为缝线边距，将两条长边缝合。如果 09 中未去除双面胶，此时机针就有因双面胶而粘连或卡住的可能。

11

缝合完毕后，处理好线头，再去除 10 中的双面胶。

12

缝合好的躯干。针脚边两端各空1针目的距离。

13

缝合好的长边劈缝。首先距边20 mm宽的范围内涂上树脂胶。

14

以针脚为基准，翻折开，再敲打、贴实。不劈缝，会影响到完成后的整体形状。

15

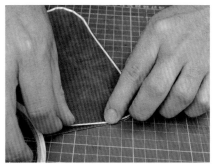

安装底面。首先包底四周贴上宽2 mm的双面胶。曲线部分请仔细小心，不要让双面胶翘起。

16

☑ **CHECK！**

包身的接缝和底面的中心对齐贴着，注意靠拉链近的一边要和底面的长边中心对好，注意不要弄错。

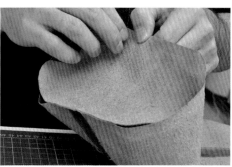

首先将靠拉链近的包身的接缝对准底面长边的中心记号，同时插入之前做好的扣带，然后往边角方向贴，此边贴完后，贴合平行的另一边，贴法相同。

17

☑ **CHECK!**

考虑到皮料质地，如果无法固定，可以使用树脂胶代替双面胶。

剩下的短边也贴好后，就成了如照片所示的形状。立体贴合有一定难度，只要耐心细致，操作总能完成。

18

以 10 mm 为缝线边距缝合，缝合过程中皮料难免会起皱，需要妥善处理。具体方法详见 117 页的 CHECK！。

19

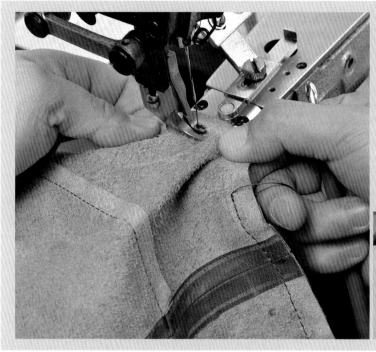

☑ **CHECK !**

缝合边角部分时，因为包身和底面的长度不同，难免会起皱。不顾起皱仍进行缝合的结果是正面起皱，影响美观。建议缝合时辅助使用压擦器。

内衬部分的准备
接下来制作袋状的内衬部分，也是口袋的基本制作工序。

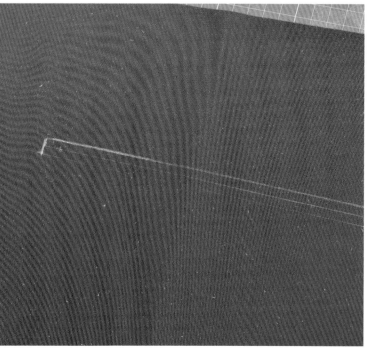

使用已完成的包身作为内衬的图纸，剪裁并在内衬的用布上标记出拉链的区域。注意标在布面反面为好。然后在区域内画出中心线，并在中心线两端向内 10 mm 处各做一个标记。

01

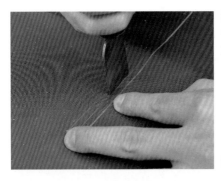

沿着中心线上两个标记点之间的直线切割布料。

02

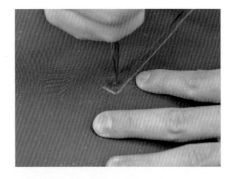

标记点和相邻拉链区域的两个端点相连，切割。

03

以拉链区域的轮廓线为基准，将切开的部分翻折出，在距轮廓外侧 10 mm 处标记出翻折的位置线，大致位置用虚线标记即可。

04

标记线和切割线之间涂上树脂胶。切割线和拉链区域轮廓线之间的三角形区域也要涂。

05

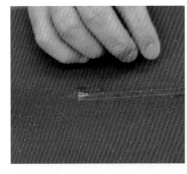

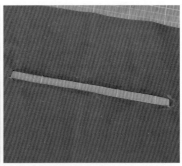

三角形区域以轮廓线为底线翻折，长切割线部分的梯形区域也将前端对准标记线折叠。

06

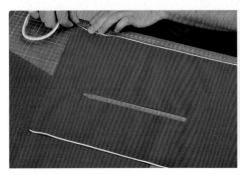

内衬正面（看不见刚才折叠部分的一面）的两条长边贴上宽 2 mm 的双面胶，和另一片内衬布料正面相对贴合。

07

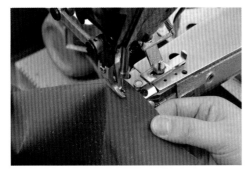

以 10 mm 为缝线边距，将两边缝合。如先前的说明，之后又渗胶的可能，所以缝合后将双面胶去除。

08

和处理包身皮料时工序相同，将内衬的底布和内衬的主体贴合。

09

☑ **CHECK!**

和皮革的包身不同，拉链的位置在中心靠左的地方。不过拉链位置在底面的长边一侧是不变的。

以 10 mm 为缝线边距将底面和躯干缝合。包身侧面的接缝不需要劈缝，为了固定住下端，包身和底面缝合时，要将端口对齐，一起缝住。

10

主体的组装　将内衬部分安装到皮革主体上。

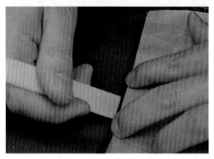

内衬拉链区域的折叠部（紧贴着开口处的部分不要涂）涂上树脂胶。开口处要是有露出部分会影响美观，所以请仔细涂好。

01

拉链背面，距离链齿 2 mm 以外的地方开始涂树脂胶，可以涂10 mm 宽。

02

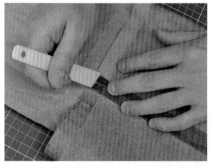

主体最上方 10~20 mm 宽 的 范围 也涂上树脂胶，虽然不是马上就会贴到的地方，但之后涂起来不方便，建议先涂好。

03

将皮革包身翻到正面，务必小心涂着树脂胶的部位不要蹭到别的地方。

04

放入内衬，这时如果拉链的位置对不上的话，就是制作方法有误，请再确认一遍。

05

拉开拉链，距离链齿 2 mm 处贴上内衬。

06

120

贴好内衬后，试一下拉链，确认链齿是否会夹到内衬，如果会夹，就再调整一下。

07

围着拉链缝一圈，皮革、拉链、内衬一起缝合。此时机缝必须选用臂式缝纫机。还可采用手工缝合。

POINT

08

缝合完毕的状态。注意拉链除了下止端其余3边都要缝合。

09

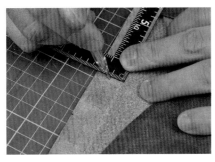

为贴合内衬做准备。在主体上端往下 10 mm 的部分，画出作为基准的标记。

10

内衬上端，5~10 mm 范围内涂上树脂胶。少量即可，不要过多。

11

为了方便贴平，内衬侧面的接缝的上侧先劈缝数厘米距离。

12

侧面的接缝相互对准，按照步骤10所做标记将内衬贴到主体皮革上。

13

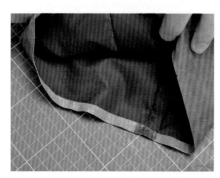

另一侧以及剩余部分也小心不要贴歪。

14

主体边缘之后要折回，先在距上端10 mm处标记出折回基准线，然后在基准线和上边之间涂上树脂胶。

15

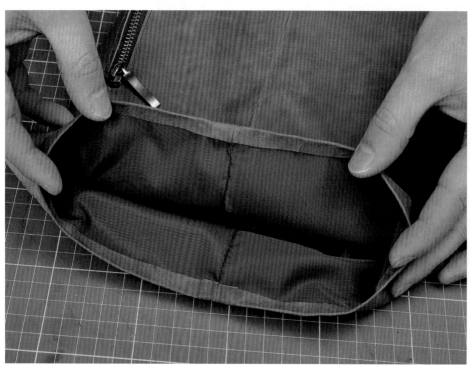

按照步骤15的基准线，将主体上边向内翻折贴好。

16

敲击使皮边压牢，注意不要误伤皮面。

17

使用同幅度的压脚，但是此处以7mm为缝线边距，注意要相应调整定规。

18

从不起眼的地方开始起针，完成一圈的缝合。

19

D形扣的扣带B床面相对贴合后缝合，缝线边距2 mm。

20

将图纸置于扣带正面，按照图纸标记出打孔的位置。

21

小孔用 10 号，大孔用 18 号的圆冲，打孔。

22

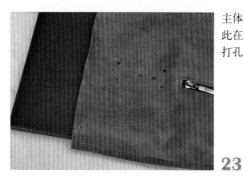

主体部分也如此在相应位置打孔。

23

扣带、D 形扣以及铆钉，如照片所示进行安装。

24

先将铆钉安装牢固保证不会松动，最后安装上扣眼，固定好。

25

包带的制作和收尾 最后制作包带，进行整体收尾工作。

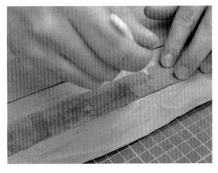

剑尖侧（宽 3 cm、长 49 cm，将一头按照图纸裁切成剑尖的形状），带扣侧（宽 3 cm、长 52.5 cm）共计 4 条的包带床面都涂上树脂胶。

01

裁切成形的皮贴到未裁切的皮革上，床面对床面。

02

避免剥落，用滚筒压紧。

03

按照正面用皮的形状裁切下侧的用皮。

04

相同方法制作带扣侧的包带。这样重叠着裁切有助于形状的统一，毛边的处理也因此变得简单。

05

包带的缝线边距为 2 mm，因为缝线部分较长，推荐使用定规，请预先调整好定规。

06

四周全部缝边。针脚歪斜十分有碍美观，所以请先确认定规是否调节到了 2 mm 的位置，以及缝合时的手法是否恰当。

07

两条包带的端头，分别安装钩扣。距端口 25 mm 处折一下，距折痕 15 mm 的位置做标记。暂时翻开，用 12 号冲子打个孔，再折起来在下侧皮料上的相应位置做好标记，在标记处也打孔。

08

穿好钩扣后用铆钉固定。

09

接下来安装带扣。距端口 6 cm 处折一下，略微留下折痕。

10

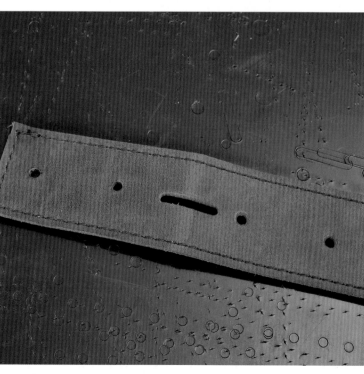

横跨过折痕的中央部分，用扁冲打孔。在距折痕 13 mm 和 40 mm 处的位置再打孔。不过这两处的孔位根据所使用的带扣会有差异，请比照着实物，测定出最佳的位置。

11

装上带扣、方扣，用铆钉固定住，带扣一端就完成了。剑尖一侧的带身部分，根据使用者的习惯，在相应位置打上五个等间距的孔，孔洞大小配合带扣。

12

下面是主体的收尾工作。皮绳穿过上方 D 形扣扣带的扣眼，为防止脱出，从内侧穿出的部分打结。

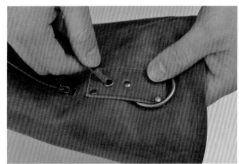

13

主体开口处适度弯折，用皮绳捆绑 3 圈。

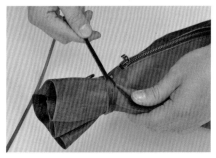

14

为固定皮绳，可在捆口的皮绳上再竖着绕 3 圈。

15

皮绳继续穿过步骤 15 制作的竖着的皮圈后拉紧系好。

16

适当切短皮绳，推荐斜切。

17

完成

扣好包带就大功告成了。

川口诚二

持有手工艺学园认定的
皮革手工艺人讲师1级
资格，是拥有丰富授课经
验的专业皮革手工艺人。

学习皮革技巧的定制工坊

"Lesthetic"位于琦玉县春日部市千间台站附近，在接受商品定做的同时也开设供学习皮革工艺制作技术的课程。课程可根据个人的需要，选择单次或连续几次的类型。有培养皮革手工讲师的基础课程，也有根据高级课程大纲开设的高级讲座等，可以学习到各个层次的技术。手工缝制技术的学习也会涉及机缝技术，另外还有面向初学者的皮革小钱包制作课程。

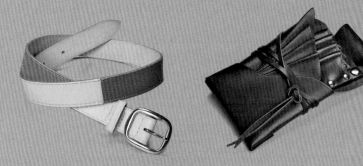

在"Lesthetic"既可以在基本款的基础上，根据自己的喜好做增添和改变，也可以从图纸开始进行全方位的定制。

皮雕也是该店的特色项目之一。高水准的皮雕技术也可以通过简明易懂的课程开始学起。

SHOP INFO
Lesthetic

提挎两用包

即可以作为手提包，又可以作为挎包。前幅的外插袋以及边角皮革的设计是亮点。使用帆布的隔层裆呈燕尾形设计，一起分享全新的制作体验吧。

由"TEE-CRAFT"提供

细节 **Detail**

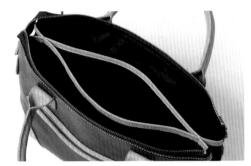

拉开拉链，可以看到中间的隔层。此隔层由 2 片帆布组成，也同时构成了一个方便的口袋。

主收纳袋也被隔层分为 2 部分。另外，各包身主体部分选光滑面料为内衬。

包带为内部填入芯材的圆柱形。肩背长度可根据自身喜好决定。

带拉链的外插袋是前片的重要设计要素，拉链周边选用和包带、边角相同的皮料，营造出统一的整体设计感。

各包身边角部分的用皮，本是起加固作用的，同时也是此款两用包的重点视觉设计元素。

通裆的一种，蛇腹状的燕尾裆。使用帆布，给整体风格增添了柔和感。

可拆卸背带，实现手提包和挎包的灵活转换。

部件　Parts

前片和后片，前片装有外插袋，后片配有D形扣。

前片和后片里侧的内衬。材质为光滑轻薄的面料。

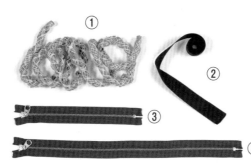

⑤ ⑥

⑤外插袋和⑥隔层，材质均为帆布。

① 包带芯材（直径1 cm×70 cm）
② 罗缎带（宽 2.5 cm×160 cm）
③ 外插袋用拉链（21 cm，上下端头各1 cm）
④ 袋口用拉链（39 cm，上下端头各1 cm）

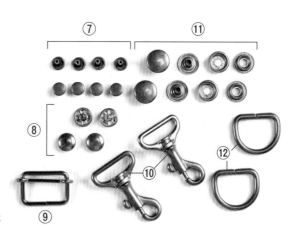

⑦铆钉（小）×4对
⑧双面铆钉（大）×2对
⑨日形扣（宽25 mm）
⑩钩扣（宽25 mm）×2
⑪按扣（大）×2对
⑫D形扣（宽20 mm）×2

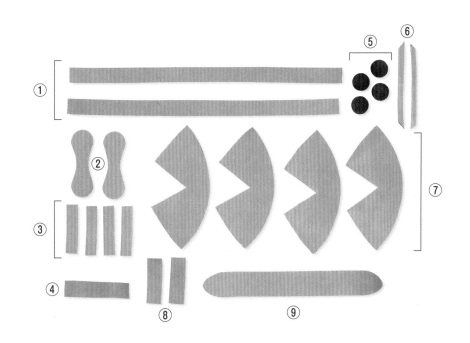

① 隔层包边
② 侧带
③ 边角用皮②
④ 拉链止
⑤ 侧带内侧用皮
⑥ 拉链头用皮
⑦ 边角用皮①
⑧ 扣带
⑨ 外插袋袋边用皮

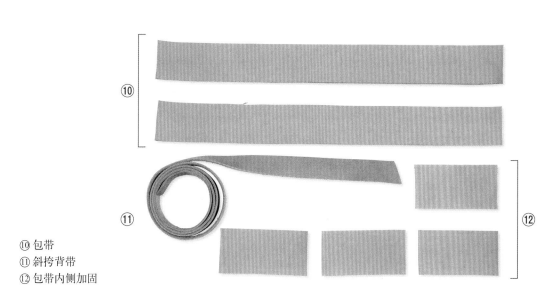

⑩ 包带
⑪ 斜挎背带
⑫ 包带内侧加固

斜挎背带的制作 中间配有日形扣，可调节背带长度。

背带床面全部用床面处理剂打磨。

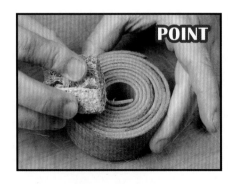

接着打磨背带的皮边。边长较长，如照片所示，将背带卷起再大致磨一下。

再细磨一遍，之后上边油。

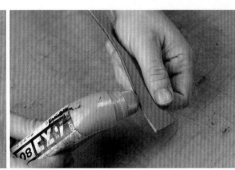

将背带两端的尖角略微削去一点，从床面端口约 1 cm 处开始斜向打薄。

削角的地方也用床面处理剂磨一下后上边油。

以斜向打薄的边线为基点，距它 7 cm 处画条标记线。

标记线到端口之间的部分打磨，中央空 2~3 mm 的宽度（日形扣留位），其余部分涂上树脂胶。

07

按图中的顺序，将涂好胶的背带穿过"日形扣"。

08

将日形扣置于皮带一端，斜向打薄的端口对准标记线，贴合。

09

背带正面朝上，从刚刚好不影响到日形扣的地方开始用缝纫机缝合。

10

从日形扣一端缝到背带另一端，缝到距斜向打薄部分 2~3 mm 处，回缝 1 针目收针。接着缝另一边，从近的一端（2~3 mm 处的距离开始，回针缝 1 针）再向日形扣的方向，将边缘内侧 3~4 mm 处的位置同样缝好。

11

日形扣一端，中心用圆冲打孔，嵌入铆钉（小）。

12

背带无日形扣的一端，先穿入钩扣。再穿过日形扣。

13

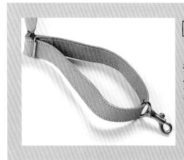

☑ **CHECK！**

按照步骤 13 的顺序穿好后，背带的可调节部分完成了。

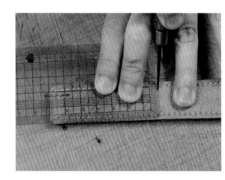

和步骤 06 相同，距斜向打薄部分边缘处 7 cm 的位置画条标记线。

14

 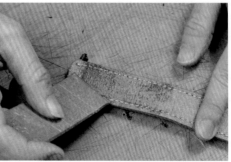

接着和步骤 07 也相同，标记线到端口之间打磨，除中央 3~4 mm 的宽度（钩扣留位），其余部分涂上树脂胶。

15

端头穿过钩扣、与步骤 14 中的标记线对齐，注意是床面贴合。

16

为钩扣留些可活动的余地，在中心用打孔工具打孔，嵌入铆钉（小）。

17

挎背带就此完工。制作重点在于背带一端按顺序穿过钩扣和日形扣。

18

侧带和扣带的制作
包身两侧蝴蝶外形的侧带以及固定斜挎背带用的 D 形扣的扣带部分。

侧带的床面和皮边用床面处理剂磨一下，然后皮边上边油。

01

为装饰和防止皮革伸缩，缝合一圈，缝边距 2~3 mm。

02

03 按图纸，在标记处打孔，2 片侧带分别安装好按扣（母扣）。

 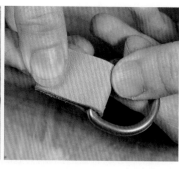 

打磨扣带的长边、上边油，背面除中央 3~4 mm 宽部分，其余涂上树脂胶，扣带穿过 D 形扣，两端对齐贴合。

04

包带的制作　　制作出圆润，手感柔软的包带。

包带头部的纸样放在包带一端，对齐找到位置 A，标记并画线，注意画在床面。

01

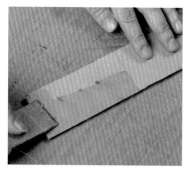  

端头到标记线涂上树脂胶，包带外侧加固用皮也涂上树脂胶，然后贴合。

02

将包带正面朝上，前端对齐再放上图纸。沿着图纸的轮廓轻轻画线，从前端一直画到位置 B。

03

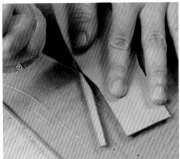

以画线作为裁切线，将包带和贴着的内侧加固用皮一起裁去。两边裁完后，两个尖角也略微削去一些。

04

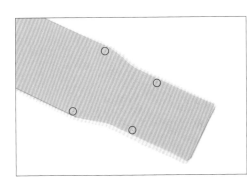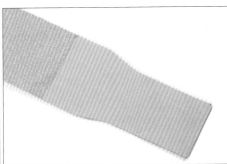

包带头部图纸再覆盖到包带上，在 B 和 C 的位置上做圆圈标记（左侧照片，○所示的 4 处）。右侧照片是背面状态，每根包带两端有 2 处，2 根包带共计 4 处相同处理。

05

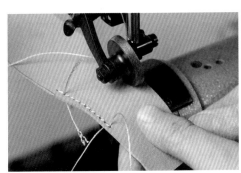

B 位置内侧 1~2 mm 和 C 位置之间缝边，缝边尽量和侧边协调美观。

06

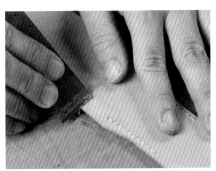

缝线前端打磨出约 7 mm 宽的边。

07

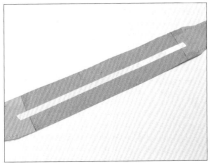

包带床面中间，贴上宽 7 mm 的双面胶，双面胶两端贴到越过内侧加固用皮部分大约 1 cm 处（参考照片）。

08

揭去双面胶的保护纸，从一端开始贴"包带芯材"。贴合时注意不要拉、压芯材，尽量保持芯材原有的粗细长短自然放上去。另一端留出略微超过双面胶的余地，用透明胶带圈起贴紧。

09

在双面胶对齐处，剪断被透明胶包裹着的芯材。

10

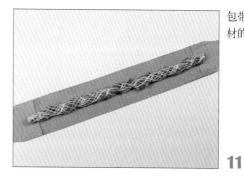

包带背面贴好芯材的状态。

11

步骤07打毛的部分和两边分别朝芯材位置向内1 cm宽度左右的部分涂上树脂胶。为了加强黏合度，此处上胶2次。

12

将芯材包裹在中间，贴合，从一端开始。

13

边调整芯材边贴，贴到中央部分暂停，接下来从另一头开始再往中间贴。

14

从步骤 06 中针脚的一端开始，到另一头的针脚一端，以内部芯材的边线为基准，距皮边 5 mm 左右处平行缝边。另外，起针和收针分别回针缝 3 针目。

15

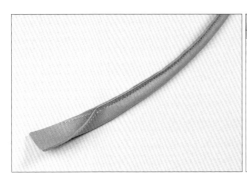 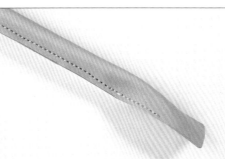

含有芯材的包带缝合完毕的状态。

16

裁去多余的皮边，约 2 mm 宽。

17

包带两端的背面，未来和包身部分贴合的地方打磨。此时，照片中红色的部分不用打磨。

18

皮边都用床面处理剂磨一下，然后上边油，完成。

19

隔层的制作 缝合2片帆布，制作成中央处口袋的隔层。

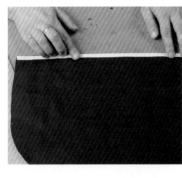  

隔层的开口端，贴上宽7mm的双面胶。隔层滚边对准双面胶的边缘贴合（两端留余）。

01

隔层翻面，贴好的滚边沿着开口端的边线反复按压，留下明显的折痕。

02

然后和步骤01相同，贴上宽7mm的双面胶。

03

沿着步骤02所做的折痕，将隔层滚边折回贴好（双面胶的内侧边和隔层滚边的边缘不对齐）。

04

两端多余的滚边部分，沿着隔层裁去。

05

滚边的两端，正反面都打毛7mm宽。

06

隔层滚边宽度为 7 mm 的那面（步骤 01 先贴合的面）朝上，距内侧边 3 mm 宽度处笔直进行缝边。起针和收针都止于距两端 3 mm 处。

07

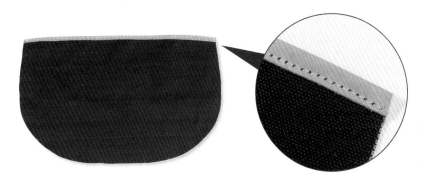

隔层滚边缝合完毕的状态。另一片隔层也做同样处理。

08

将 1 片隔层和隔层的图纸对齐，两面分别做上 E、F、G、H、I 的标记（图纸上标记的位置各开个小孔，用水银笔等标记）。

09

各标记用尺连接，画上和图纸上一样的线。此时，在隔层滚边较宽的一面淡淡地画线（将此面作为 A 面），另一面普通画线即可（记作 B 面）。

10

B 面朝上，画线内侧贴上宽 3 mm 的双面胶。另一片隔层和此隔层的开口端、侧面等对好后，慢慢剥去保护纸一点点贴合。

11

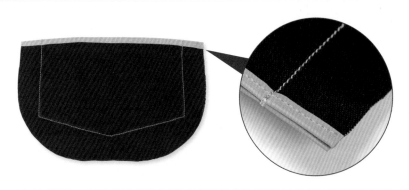

沿着 A 面的画线缝合。为保证强度，开口端的滚边部分，缝三重线。

12

前片和后片的制作
前片和后片有些工序相同，有些不同，注意不要混淆（各步骤说明的开头有注明）。

前片 / 后片：对好图纸，在皮革正面用锥子刺出 A、B、C、D 的记号。

01

前片 / 后片：边角用皮①的图纸和 A、B、C、D 各个位置的标记对好（各图纸形状有异，注意不要搞错），沿着图纸的曲线，画出 A–B、C–D 间的标记线。

02

前片 / 后片：左图上蓝色标记的各处，距边缘4mm范围打磨。红色标记的印线外侧（安装边角用皮①的部分）皮表打磨。

03

"边角用皮①"（共4片），按照左图蓝色标记处，距边缘3 mm的范围内打磨皮革表面。

04

前片：图纸对准放好，E、F、G、H各处用锥子做好记号。另外，除了I、J和"单后片要挖空"的范围，其他点也做好标记。

05

前片：对好E、F、G、H的记号，将外插袋袋边用皮的图纸放上。沿着图纸的边缘，画出标记线。

06

后片：图纸对准放好，除了E、F、G、H的点，其他点都在相应位置上做好标记。"单后片要挖空"的范围，用水银笔涂满（沿轮廓画标记线也可）。

07

前片 / 后片：图纸上画斜线的部分打磨。根据包带两端展开部分形状，所以此处有U形。

08

前片：外插袋袋边安装部位（步骤06画出的标记线的内部）打磨。

09

后片：使用21mm的扁冲，将刚才步骤07涂满的部分（扣带安装部位）挖空。如果没有扁冲，也可使用裁皮刀或者刀片挖空。

10

后片：分别以 I、J 为中心点，用圆冲打孔，用以安装铆钉（小）。

11

步骤04打磨的边角用皮①的床面，按图中红色标记出的范围，斜面打薄，两端打薄到0.8mm厚。

12

前片/后片：床面距开口端边缘15mm宽（红色标记出的范围）全部打薄到0.5mm厚。其余各边，距边缘处20mm的幅度范围进行斜面打薄至边缘厚度为0.8mm。

13

边角用皮①（共4片），除了步骤12斜面打薄的边，其余部分处理毛边，上边油。另外，外插袋袋边用皮四周也同样处理毛边，上好边油。

14

前片（正面）安装外插袋袋边位置和外插袋袋边的床面都打磨且涂上树脂胶。

15

 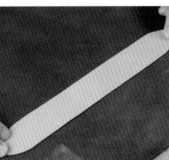 

前片：E、F、G、H各记号的位置对准，将袋边用皮贴上。

16

前片／后片：步骤03 145页打磨的安装边角用皮①的部位，以及边角用皮①的床面长曲线边缘内侧1 cm的幅度范围里涂上树脂胶，A、B、C、D各标记位置对准贴上。

17

 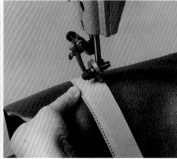 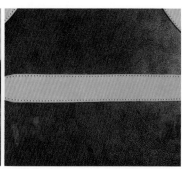

前片：以F（或H）标记为缝合起点，将袋边用皮四周缝边，缝线边距3mm。缝合一圈回到起点部位时，重复缝合3针目后收针，处理线头。

18

  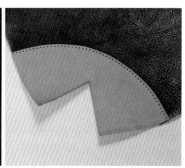

前片/后片：边角用皮①的长曲线部，从距边缘3mm的位置开始由"侧"到"底"（或由"底"到"侧"）缝合。起针和收针时都距边缘3mm。

19

前片：覆上外插袋袋边用皮的图纸，内部长方形的四个角，用锥子做好标记。

20

前片：各标记用尺连接，画出和图纸上相同形状的标记线。

21

前片：沿着印线，将袋边用皮内侧的长方形（拉链留口）部分挖空。两头的短边可以使用宽度为 12 mm 的平錾，长边用裁皮刀裁切（没有平錾，也可都用裁皮刀）。

22

 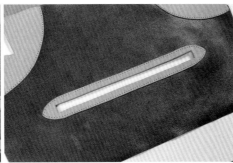

前片：拉链留口的皮边用床面处理剂磨一下，因为此处重合着两种颜色不同的皮革，所以不用上边油，打磨好即可。

23

 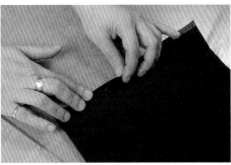

外插袋一边的短边，沿边缘贴上宽 7 mm 的双面胶。揭去保护纸，沿着双面胶的边缘回折。

24

前片：床面，沿着拉链留口贴一圈宽 7 mm 的双面胶（长边距边缘 1~2 mm，短边距边缘 3~4 mm 进行贴合），然后揭去保护纸。

25

前片："外插袋用拉链"置于下方和前片贴合。拉链头在右侧，贴在拉链留口的中央。

26

前片：中央对齐后，按压拉链周围，贴牢拉链。

27

前片：拉链的上端布和下端布，向两边展平贴好，不要翘起。

28

前片：步骤24外插袋的回折短边，沿边贴上宽7 mm的双面胶。贴到拉链的下侧，贴合的距离注意不要妨碍拉链头的开合。

29

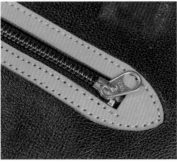

前片：拉链留口下侧，距拉链边3 mm的距离缝边（参照左图的红线部分）。起针和收针超过两端3 mm的位置。

30

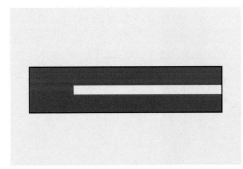
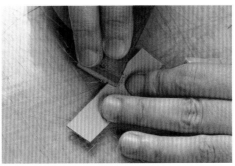

"边角用皮②"（共4片）的皮表，除长边中间宽度为3 mm的范围，其余部分打磨，另外侧面短边距边缘1 cm距离范围以内的部分也全部打磨（左图红色范围部分打毛）。

31

前片/后片：边角用皮②打磨部分涂树脂胶。边角用皮①的如图中所示位置，距边缘6 mm的范围内涂上树脂胶。

32

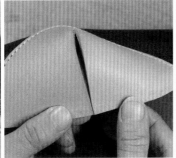
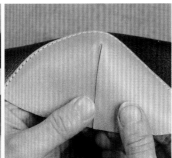

前片/后片：左图中标出的两端对齐，边角用皮①的直线部和边角用皮②未打毛的中间部分重合，贴合范围为15 mm宽度。另一边的直线部分（两直边间尽量不要留缝隙）也同样贴合。

33

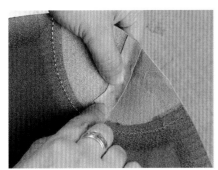

前片/后片：边角用皮翻过来，贴合的各部位用力压牢。其他3处也同样处理。

34

前片/后片：三角形的顶点部分，用锥子画出代表针脚的标记线。因为是在两侧直线部分3 mm的位置缝合，所以此处要画出一个自然的U形标记线。

35

前片 / 后片：直线部两侧 3 mm 的位置，从边缘开始缝合。左右两侧任选顺手的一侧先缝，起针（收针）位置都空出 3 mm。

36

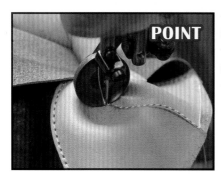

前片 / 后片：步骤 35 标记的标记线部分，将材料凹下并回折使平整。

37

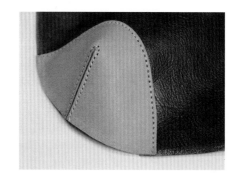

前片 / 后片：缝合完毕的状态。另外 3 处也做同样处理。

38

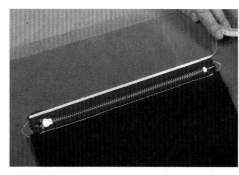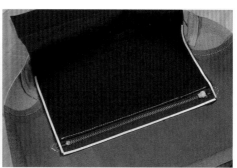

前片：翻到反面，在外插袋边缘如图所示贴上宽 3 mm 的双面胶。

39

前片：外插袋的下端和拉链开口端的两头先对齐贴合（左照），再揭去外插袋两边的保护纸，两边对齐贴合（右照）。

40

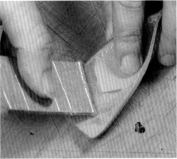

前片 / 后片："包带制作"打磨的部分和安装包带的打磨部分，涂上树脂胶。

41

前片 / 后片：标记重合对好，将包带贴好。

42

前片 / 后片：包带安装部分的下侧，小切角部分向内 2~3 mm 处用锥子刺个记号（2 处）和上侧针脚的边端斜向相连，画出 2 条交叉的标记线。

43

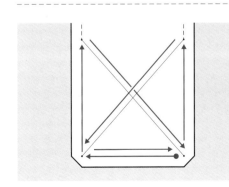
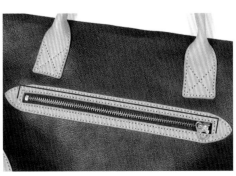

前片 / 后片：以左图上●的记号为起始，沿着箭头的指示缝合包带，要点是以一笔画的方式。
前片：拉链口的两端和开口部的长边，和步骤 30（150 页）的针脚相接，将步骤 40（152 页）贴上的外插袋和拉链、袋口皮边用皮缝合起来（如图中红色缝线）。

44

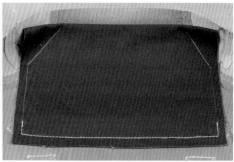

前片：外插袋上，沿在拉链口两端的针脚到底侧画出延长的直线。直线画到边角皮料位置处停一下（左照），为了防止边角用皮的膨胀，再从停止处向底边内侧方向画去（右照）。

45

前片：沿着之前画的印线，从外插袋的底侧开始向拉链开口部缝合（只缝合外插袋的帆布层），边角处多出的外插袋部分，用剪刀剪去。

46

前片／后片：开口部的内侧，距边缘 2 cm 的位置画一条和开口边平行的直线，直线和开口部之间的范围涂上树脂胶。

47

前片／后片：开口部的皮边反折贴合（开口部的边缘和所画直线对齐），用锤子敲击压实。

48

后片：步骤10（146页）挖空部分的切边上，涂上和皮革同色的边油。

49

后片：将做好的扣带插入，安装铆钉（小）的位置，用锥子做好标记。

50

后片：以标记为中心，为扣带的铆钉（小），打孔。将打过孔的扣带和主体用铆钉（小）固定。

51

前片外插袋，后片扣带，再加上安装好的包带和边角用皮，这样各个主体部分就完成了。接下来的工序是为各个主体部分安装里衬和开口部分用的拉链。

52

图纸重叠到里衬上，画出成品线内侧和周围的留余部分，显眼处标记出 A、B、C、D 的记号。

01

开口部，距边缘 2 cm 处画出和开口部平行的直线。

02

上树脂胶，开口部的边缘折回和直线对齐贴合。

03

开口部折边后，距离边缘 3 mm 的部分贴上宽 7 mm 的双面胶。距离开口部两端 2 cm 处，沿着侧面和底边的成品线内侧贴上宽 7 mm 的双面胶（边角部分沿着曲线贴）。

04

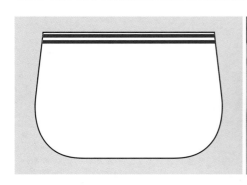

各主体的开口部，距边缘 3 mm 处贴上宽 7 mm 的双面胶。之后，距离此双面胶 5 mm 处，再贴上和其平行的宽 7 mm 的双面胶。

05

先揭去开口部下侧的双面胶保护纸（左照），将主体和里衬贴合。主体两端对准里衬的成品线，开口部，里衬超出主体0.5 mm的宽度再进行贴合。

06

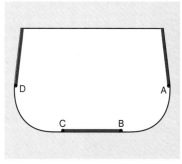

揭去成品线内侧的双面胶保护纸，"开口端到A""开口端到D""B到C"的各处，主体对准成品线贴合。

07

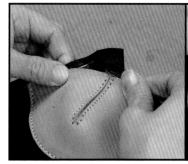

POINT

边角用皮部分的里衬，从"A到B""C到D"分别从两边向中央的缝合部分贴，靠近缝合部分多余的部分，捏叠着贴起来（做成窝边）。

08

"开口部用拉链"在正面上端布处，如照片所示贴上宽7 mm的双面胶（保护纸先贴着不要揭）。

09

前片的里衬面朝上，揭去前片开口部的双面胶保护纸。从开口部左端7 mm处开始和拉链正面的织带贴合，双面胶和拉链的侧边对齐贴合。

10

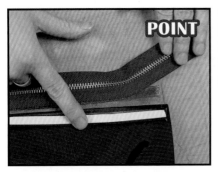

开口部的右端，留出1 cm不要贴，将拉链的下端布向斜上抬起贴合。

11

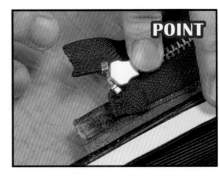

揭去刚才步骤09贴在拉链上端布处的双面胶保护纸，上端布横折贴合后，再向拉链头一侧折叠过去。

12

揭去里衬开口部贴的双面胶保护纸和拉链重合贴合。由此，拉链的一条织带分别和前片及里衬贴合。

13

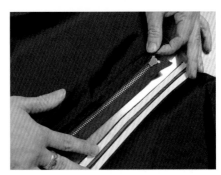

接着拉链的另一边织带和后片贴合，方向相同。

14

后片里衬朝上，开口部右端留7 mm宽度的距离和拉链正面上端布对齐合拢，双面胶和拉链侧边对齐贴合。

15

拉链下端布处和前片相同，留出1 cm宽度的距离，向斜上方抬起贴合。拉链的上端布也和前片时相同，横折贴合后向拉链头一侧折叠过去。

16

揭去后片里衬开口部的双面胶保护纸，和拉链重叠贴合。由此，通过拉链将前片和后片连接了起来。

17

18

各主体和开口部拉链正面效果。此时，前片各拉链闭合状态时，拉链头都应在右侧。

开口部的拉链完全打开，各主体开口部距两端3 mm的位置开始直线缝合。

19

以距开口部侧面两端2~3 mm的位置为起针和收针的位置进行缝边，无须回针缝。斜上方抬起的拉链下端部分，保持拉链露出的状态缝合。

20

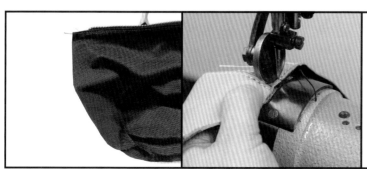

POINT

步骤08（157页）的窝边，向底面部分按倒，缝合贴合部分到紧贴边角端处。

21

里衬窝边缝合后的效果。针脚（之后要黏合隔层）都在打磨部分的范围内。

22

各主体正面朝上，侧面多出的里衬部分裁去。

23

侧带的安装　按扣（母扣）装在后片的扣带下方，侧带安装到前片的外插袋边。

分别以后片 K、L 的标记为中心，用圆冲在按扣（公扣）的安装部位打孔（里衬也一起打穿）。2 片侧带内侧用皮的中心部位也打相同大小的孔。

01

里衬面贴一块侧带内侧用皮，将按扣（公扣）安装牢固。

02

分别以前片的 K、L 标记为中心，用圆冲在铆钉（大）的安装部位打孔（里衬也一起打穿）。2 片侧带内侧用皮的中心部位也打相同大小的孔。

03

里衬面贴一块侧带内侧用皮，安装双面铆钉。

04

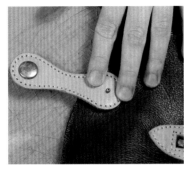 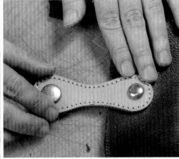 

前片正面朝上，双面铆钉穿过侧带。将侧带和包身垂直，安装固定紧双面铆钉（母扣）。

05

隔层和前后片的组合

前片和后片之间缝上隔层，分别连接两主体部分形成燕尾形包。

之前做好的隔层任选一面将侧边向内翻折，用透明胶等固定成如照片所示。

01

在另一片隔层的内侧，距边缘4 mm宽的范围涂上树脂胶。

02

前片或后片随意哪一方（照片为前片），除了开口部，其余打磨的部位涂上树脂胶。

03

涂有树脂胶的两侧面，距端口1.5 cm处做出明显的标记。

04

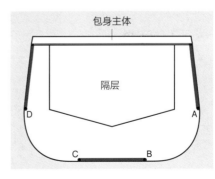

隔层的开口部上端和步骤04所做标记对齐。沿"开口部到A""开口部到D"、"B到C"的顺序，将隔层和前片对准贴合。

05

161

首先，将隔层开口部的上端对准标记的位置，先贴从标记开始到A或D的部分。此时，为了在贴的过程中避开侧带，将侧带折叠放进内侧（左照）。另外，隔层的帆布会有伸展的情况，确实对准A或D的标记后，贴合过程中对其之间范围内的帆布进行细微的调整（拉直或移近）。

06

"开口部到A""开口部到D"的部分贴好后，底下"B到C"之间的部分，也一边细微调整一边贴。

07

最后是"A到B""C到D"边角的部分，将隔层稍微伸展进行微调的同时去贴合。

08

半侧主体和隔层各边都贴合后，沿着边缘处粗缝一下。

09

隔层开口部上端，回针缝起针，沿边缘缝合到另一侧的开口部上端（和起针时同样，收针也回针缝），所有侧边都尽量靠边缘处缝合（粗缝）。

10

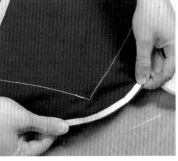

开口部的拉链全部打开，隔层侧的边缘除开口一侧，都贴上宽 7 mm 的双面胶。

11

里衬侧，离开口部左端的端口处 3 cm 幅度的范围，沿侧边贴上宽 7 mm 的双面胶。罗缎带的一侧，沿着一角也贴上长 3 cm，宽 7 mm 的双面胶。

12

步骤 12 贴在里衬侧的双面胶的保护纸揭去，与罗缎带没有贴双面胶的一侧相贴。

13

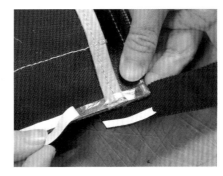

主体隔层面朝上，步骤 11 贴的双面胶，其保护纸揭去 3~4 cm 长度的部分。

14

罗缎带在开口部回折，带端折回的部分，如右照所示稍向内侧靠近一点贴。

15

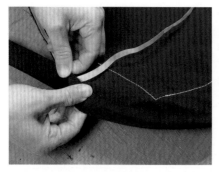

一边揭去隔层面的双面胶保护纸，一边贴罗缎带。罗缎带带边超出主体边缘自身宽度一半左右。

16

罗缎带一直贴到另一端的开口部，留下长 3 cm 左右多余的部分，剪去。

17

罗缎带背面外侧，以及里衬的开口部侧面，贴上 3 cm 长的双面胶（左中照）。揭去保护纸，按步骤 15 的方式贴。

18

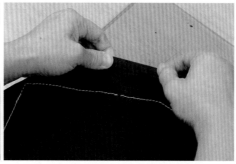

贴好的罗缎带，沿里衬边缘多次向内折，留下明显的折痕。

19

隔层面朝上，沿着罗缎带边缘内侧 3~4 mm 的距离缝合。此时，将罗缎单根据步骤 19 留下的折痕折好，一起缝进去。

20

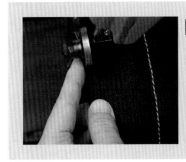

☑ **CHECK !**

食指顶住罗缎带的
侧边，中指压住折
着的罗缎带缝。

☑ **CHECK !**

两端开口部的上端，
缝三重线确保强固。

主体和隔层粗缝，侧面用罗缎
带进行包边所成的状态。这一
系列工序中，开口部的拉链都
是完全打开着的状态。

21

接合的隔层和主体翻出到正
面，手伸到里衬和隔层间调整
主体的形状。揭去161页里贴
在隔层一面的透明胶。

22

将开口部的拉链完全拉上，剩
下的主体（此处为后片）侧边
打磨的部分（左照），与其相
贴的隔层的内侧面的距边缘
4 mm的范围内（参照右照＊注
意不要涂错到另一面）涂上树
脂胶。

23

为贴合各主体的表面，开口部翻折（左照），将涂有树脂胶的隔层和主体侧边贴合。贴合方法和步骤05~08（161~162页）相同，但是此处从底部的"B到C"的部分先贴。

24

贴合"B到C"时注意细微调整，拉伸或移位。

25

接着贴合"开口部到A"以及"开口部到D"的部分，最后是"A到B""C到D"的边角部分，将隔层稍微伸展进行微调的同时去贴合。

26

同前片相同沿边缘粗缝，然后沿边缘贴上宽7mm的双面胶。

27

同步骤12~18，贴上侧面的罗缎带。

28

同步骤19~20，罗缎带边向里衬折边缝合。

29

同步骤 22，将隔层和主体接合面向外翻出。手伸到里衬和隔层间，调整主体的形状。

30

隔层和主体的缝合处用力压一下，使膨胀成形。

31

整体形状调整完毕后，本包的基本形状就完成了。

32

安装拉链止　切断拉链下止侧，缝上拉链止。

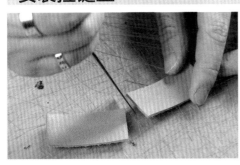

将拉链止用皮一切为二，床面分别涂上树脂胶。

01

拉链织带下端的两面，下止以下部分都涂上树脂胶，侧面向背面折回贴合。

02

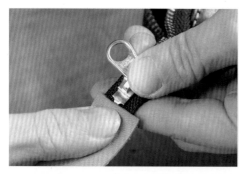
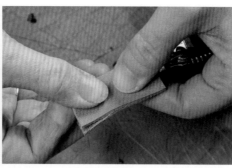

下止的正下方，使拉链止用皮夹住折着的下端布，贴合。

03

贴好的拉链止塞进侧带，确认好与侧边长度后，根据喜好的形状切掉拉链止多余的部分。这里可以使用半月冲，也可以直接用裁皮刀或刀片切割。

04

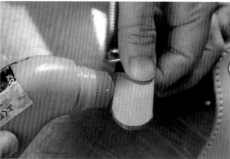

拉链止的皮边用床面处理剂打磨后上边油。

05

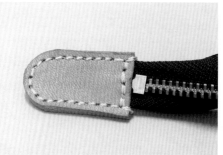

拉链止缝边。与拉链重叠部位重复缝以确保加固。

06

拉链头装饰　这里讲解的拉链头仅作举例用，也可以选择自己喜欢的款式。

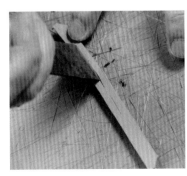  

切出和拉链头穿洞内径相同的皮段，长度按喜好即可，中线处切出2cm左右的切口，穿入拉链头。

01

一端穿过切口，不要过度拉长皮料，适当拉紧。

02

另一端再穿过刚才拉紧的皮料的切口，效果如左照片所示。之后，将两端按喜好的长度和形状切割。

03

外插袋的拉链上，也同样装上拉链头用皮。

04

完成

至此，"燕尾裆的两用包"就完成了。

独特的原创风格

田中育枝
从设计到画纸样，从选
择材料到制作都能应对
自如的全能制作家。

　　负责制作解说"燕尾裆两用包"的"TEE-CRAFT"，由田中女士经营，坐落于日本镰仓。这里的作品以机缝为主，体现出了女性手艺师傅特有的温柔优雅的风格，非常受欢迎。田中女士从图纸的设计到制作一手包办，除了两用包会使用到的帆布，她也尝试将古色古香的手织布、传统工艺品木棉等素材也融入作品中，所制作品都有其独有的原创风格。其大多数作品在网店"LeatherShop Tee"进行展示和销售，另外，工坊和文化中心也有制作技术的指导。

富有复古格调的"行军包"，越用越喜欢，非常好地呈现出皮革风格的一款作品。

通过雕空，展现出正面上特别的树叶造型——蓬莱蕉图案，反面有配拉链的外插袋。

永不过时的简约长款钱包，内侧使用棉布做工精致。

全长 10 cm 的可爱"迷你泰迪熊"，全部由用边角料制作的简单皮革小物件。

SHOP INFO
TEE-CRAFT

纸型

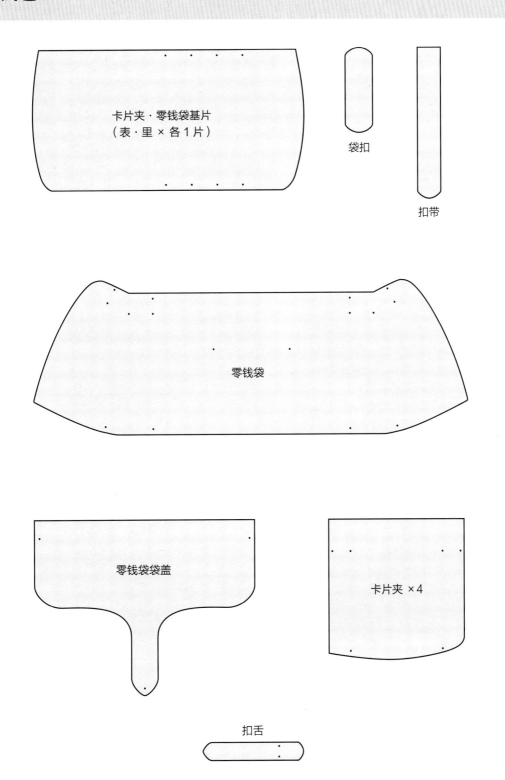

卡片夹·零钱袋基片
（表·里 × 各1片）

袋扣

扣带

零钱袋

零钱袋袋盖

卡片夹 × 4

扣舌

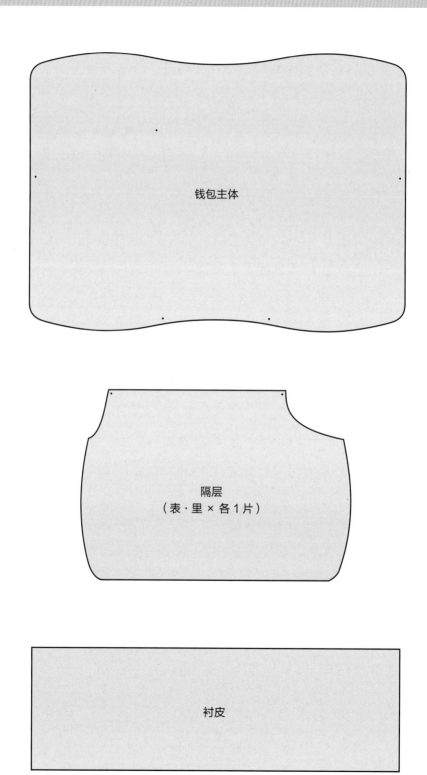

钱包主体

隔层
（表·里 × 各1片）

衬皮

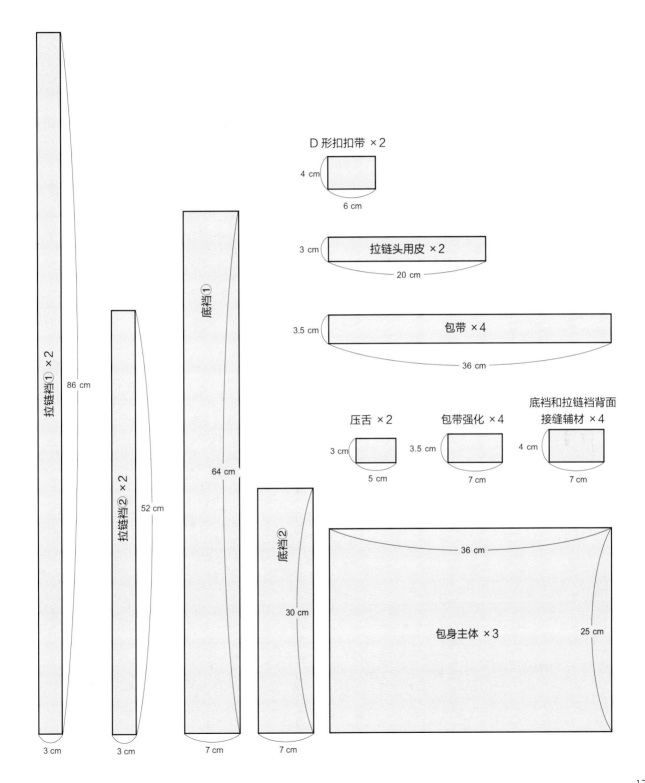

D 形扣扣带 ×2
4 cm
6 cm

拉链头用皮 ×2
3 cm
20 cm

包带 ×4
3.5 cm
36 cm

压舌 ×2
3 cm
5 cm

包带强化 ×4
3.5 cm
7 cm

底挡和拉链挡背面接缝辅材 ×4
4 cm
7 cm

拉链挡① ×2
86 cm
3 cm

拉链挡② ×2
52 cm
3 cm

底挡①
64 cm
7 cm

底挡②
30 cm
7 cm

包身主体 ×3
36 cm
25 cm

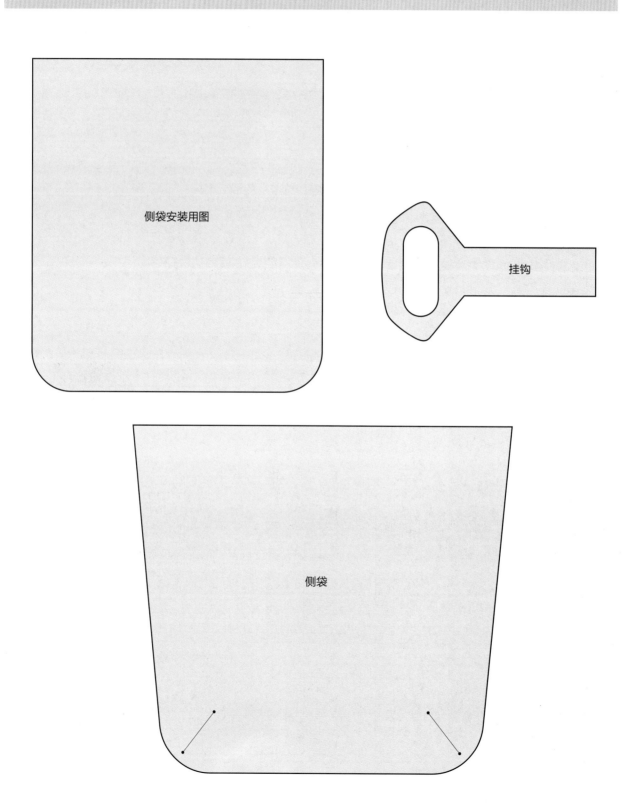

侧袋安装用图

挂钩

侧袋

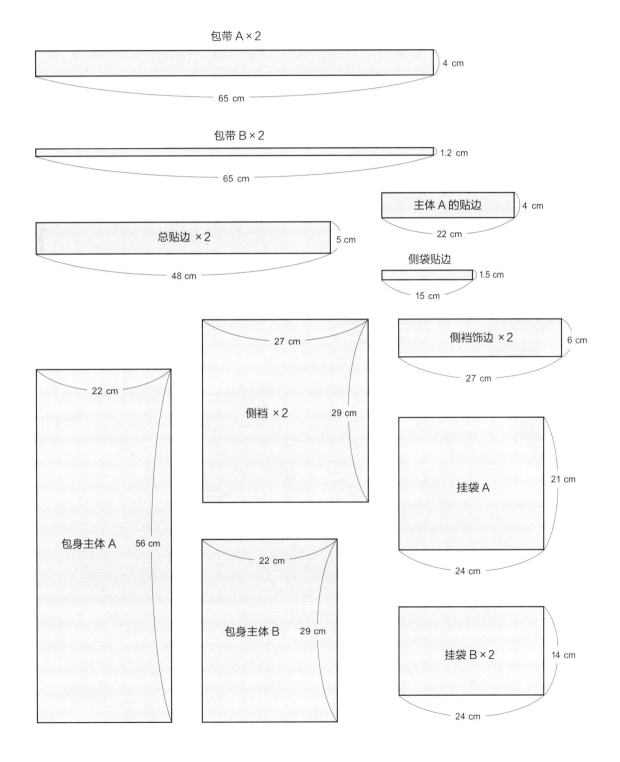

包带 A × 2 4 cm 65 cm

包带 B × 2 1.2 cm 65 cm

主体 A 的贴边 4 cm 22 cm

总贴边 × 2 5 cm 48 cm

侧袋贴边 1.5 cm 15 cm

侧袋饰边 × 2 6 cm 27 cm

侧袋 × 2 27 cm 29 cm

挂袋 A 21 cm 24 cm

包身主体 A 22 cm 56 cm

包身主体 B 22 cm 29 cm

挂袋 B × 2 14 cm 24 cm